赤外線センサ原理と技術
木股雅章　科学情報出版株式会社　2018

著者简介

木股雅章

1976年名古屋大学研究生院工学研究科硕士毕业，进入三菱电机股份有限公司；2004年任立命馆大学理工学部教授；1980年至今从事红外图像传感器的研究开发。

2013～2014年任日本红外线学会会长；曾获1988年市村奖贡献奖、1993年全国发明表彰内阁总理大臣发明奖、2016年日本红外线学会业绩奖等奖项；工学博士。

所属学会：日本红外线学会、应用物理学会、IEEE会员、电气学会高级会员、SPIE成员。

红外传感器原理与应用

〔日〕木股雅章　著
查君芳　译

科 学 出 版 社
北　京

图字：01-2022-3234号

内 容 简 介

本书主要介绍非制冷IRFPA的基础知识和最新技术及其应用实例，内容包括热型红外探测器和非制冷IRFPA的性能极限，铁电体、电阻测辐射热计、热电、二极管、双材料、热光等和非制冷IRFPA相关的技术与最新动向，真空封装技术，以及搭载了非制冷IRFPA的红外相机的技术和应用。

本书可供安防监控、汽车辅助驾驶、消费电子、工业测温、医疗检测设备以及物联网等诸多领科研人员和工程技术人员阅读，也可作为高等院校机电一体化、电子信息科学与技术、物联网等专业师生的参考用书。

图书在版编目（CIP）数据

红外传感器原理与应用/(日)木股雅章著；查君芳译.—北京：科学出版社，2023.3

ISBN 978-7-03-074957-4

Ⅰ.①红… Ⅱ.①木… ②查… Ⅲ.红外传感器 Ⅳ.①TP732

中国版本图书馆CIP数据核字（2023）第034234号

责任编辑：杨 凯 / 责任制作：周 密 魏 谨
责任印制：师艳茹 / 封面设计：张 凌
北京东方科龙图文有限公司 制作
http：//www.okbook.com.cn

科 学 出 版 社 出版
北京东黄城根北街16号
邮政编码：100717
http：//www.sciencep.com
天津市新科印刷有限公司 印刷
科学出版社发行各地新华书店经销

*

2023年3月第 一 版 开本：787×1092 1/16
2023年3月第一次印刷 印张：11
字数：200 000

定价：58.00元
（如有印装质量问题，我社负责调换）

目　录

第1章
绪　论

红外成像，可以在漆黑的环境中观察温度接近室温的物体，是非接触式获取温度信息的技术。红外成像是被动成像，不需要照明光，其实用性在广泛的应用领域得到认可，如视觉辅助、安全防护、监视、抢救、消防、交通、工业测量、设备维护等。如图1.1所示，用于红外成像的波段有两种：温度接近室温的物体辐射出的光量多、大气透射比高的长波红外（long-wavelength infrared，LWIR，8～14μm）和中波红外（middle-wavelength infrared，MWIR，3～5μm）。

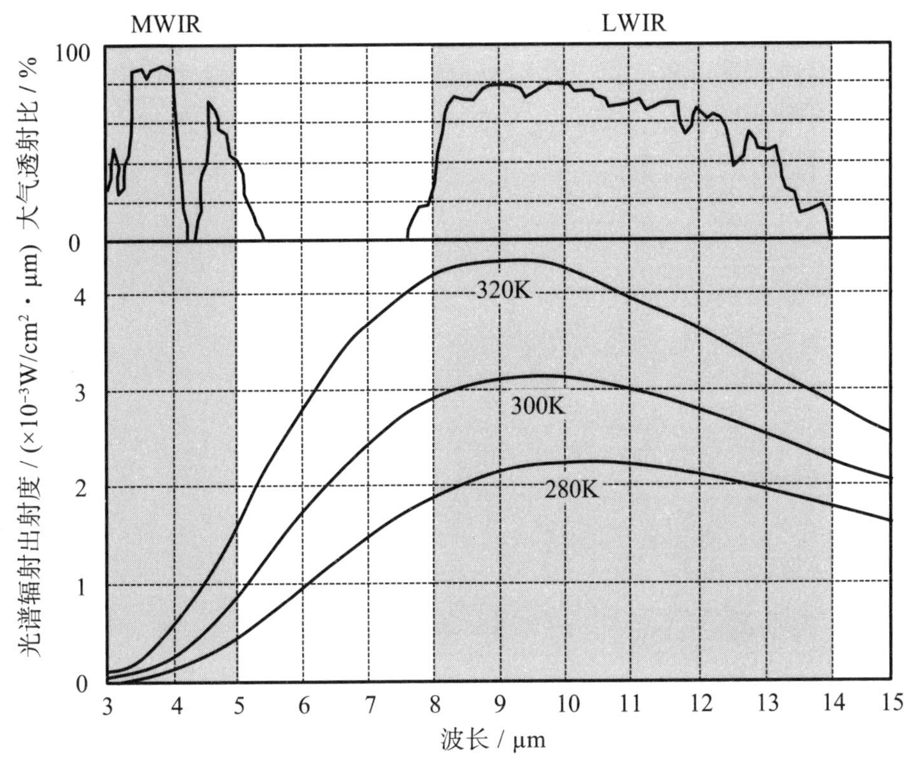

图1.1 温度接近室温的黑体的光谱辐射特性和具有代表性条件的大气传输特性

用于红外成像的图像传感器有量子型红外探测器（quantun infrared detector）和热型红外探测器（thermal infrared detector）。在灵敏度和响应速度方面，量子型红外探测器更为优秀，但集聚了由微机电系统（microelectromechanical system，MEMS）技术制造的热型红外探测器的红外焦平面阵列（infrared focal plane array，IRFPA）最近的进步很惊人，作为可能引领红外线商业变革的器件受到了较多关注。使用热型红外探测器的IRFPA是在室温环境下工作的，为了与采用需要冷却的量子型红外探测器的IRFPA进行区分，我们称它为非制冷IRFPA（uncooled IRFPA）。市面上有关非制冷IRFPA书籍已经出版了不少[1～4]。

本书将介绍非制冷IRFPA的基础和最新技术及其应用实例。第2章介绍红外探测器的种类和非制冷IRFPA开发的历史；第3章讨论热型红外探测器和非制冷IRFPA的基础与性能极限；第4章到第8章，介绍有关铁电体（ferroelectric）、电阻测辐射热计（resistance bolometer）、热电（thermoelectric）、二极管（diode）、双材料（bi-material）、热光（thermo optical）等和非制冷IRFPA相关的基础技术和最新技术动向；第9章介绍所有方式中共通的技术——真空封装技术，它是非制冷IRFPA生产的成本瓶颈；第10章介绍搭载了非制冷IRFPA的红外相机的基础技术和应用。

在得到出版社许可后，本书将*Comprehensive Microsystems Vol.3*（Elsevier B.V.，2008）中“3.04 IR Imaging”章节翻译后，加入了最新的技术动向和理解该技术领域所必需的基础内容。

第2章
红外探测器的分类和非制冷IRFPA开发的变迁

2.1　红外探测器的分类

红外探测器的历史是从1800年由Herschel发现红外线[5]开始的。在他的实验里，使用了利用液体热膨胀的玻璃温度计检测红外线。自红外线发现以来，至今已开发了各种各样的红外探测器。红外探测器大体分为热型和量子型两种，根据各种观点可以进一步细分。图2.1展示的是用于IRFPA的红外探测器的分类示例。

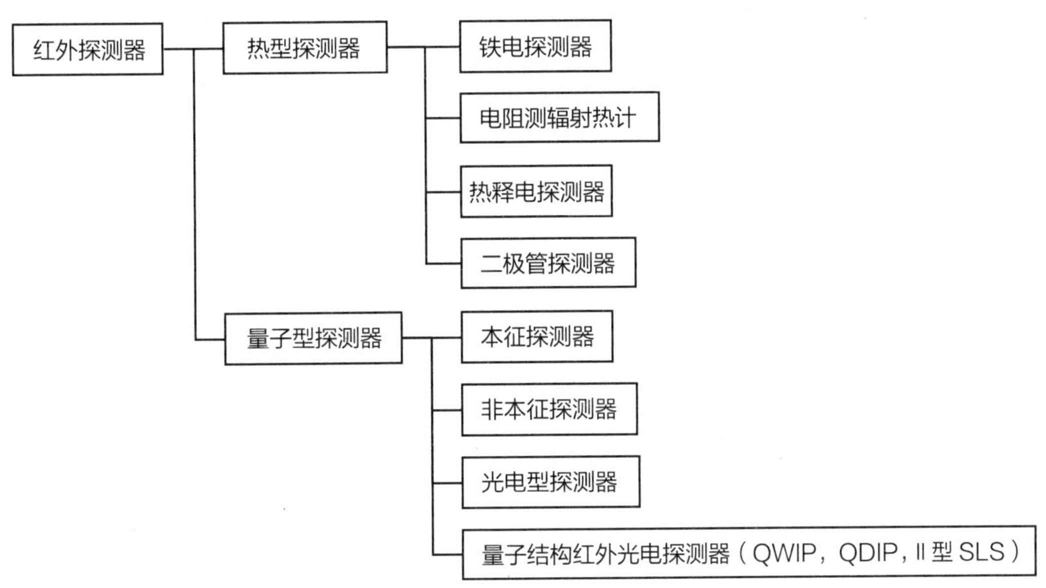

图2.1　红外探测器的分类

热型红外探测器是通过检测吸收了红外线后发生变化的传感器的温度来探测红外线的。这种红外探测器如图2.1所示，一般是按照使用的温度传感器的种类进行分类的，例如，铁电探测器（ferroelectric detector）、电阻测辐射热计（resistance bolometer）、热释电探测器（pyroelectric detector）、二极管探测器（diode detector）等。只要热型红外探测器的温度传感器具有温度依赖性，无论使用哪种都可以。

自从Herschel发现红外线后，最先开发出来的热型红外探测器采用的是热电偶温度传感器。热电偶温度传感器在电气连接两个不同导体时，根据出现的塞贝克效应（Seebeck effect）检测温度差[2]。热电偶（thermocouple）不仅是在红外探测器中，在接触型温度传感器中也被广泛使用。红外探测器一般使用将热电偶串联的热电堆（thermopile）来提高灵敏度。

1881年Langley制作了铂电阻测辐射热计[4]。金属具有正的电阻温度系数

（temperature coefficient of resistance，TCR），随着温度上升电阻增大。金属的正TCR，反映了高温下载流子的散射概率增加的特性。半导体和金属一样，也可以用作电阻测辐射热计。半导体与金属不同，具有负的电阻温度系数。半导体的TCR为负，是因为半导体的电阻是由载流子数和移动度决定的。一般，半导体电阻测辐射热计的TCR比金属的TCR要大10倍，大多数的非制冷IRFPA使用的是半导体电阻测辐射热计。至此研究开发了各种材料的电阻测辐射热计。

热释电探测器和介质辐射热计是用铁电材料制成的。热释电效应以前就有所了解，但对于该效应的原理性理解是进入19世纪以后[4]。热释电红外探测器利用自发极化的温度依赖性检测温度变化，这种方式的单像素红外传感器得到了广泛普及。通过测量以热释电材料作为绝缘体的电容的充放电电流，检测自发极化的变化。Hanel发现铁电材料的介电常数在居里温度附近展现出明显的温度依赖性，提出了一种利用铁电材料的介电常数的温度依赖性的温度传感器——介质辐射热计[4]。

二极管的电流-电压特性的温度依赖性可以用于温度传感器。二极管可以通过Si大规模集成（large scale integration，LSI）技术制造，容易集成化。有些小组关注到这一特点，考虑到Si二极管适用于非制冷IRFPA的温度传感器，正在推进二极管非制冷IRFPA的开发[6]。

热型红外探测器有着在室温下可以工作的特点，而20世纪90年代前期研究开发的中心主题是在低温下工作的量子型红外探测器，这是因为当时的红外摄像装置采用的是单像素探测器的机械扫描系统，机械扫描系统无法实现热型红外探测器所要求的灵敏度和响应速度。

量子型红外探测器是由入射光子激发半导体材料中的电子（或者空穴），改变能量分布。能量分布的变化会引起电阻变化或超越能障的载流子的流动，通过这种变化探测出红外线。从原理上来看，量子型红外探测器灵敏度高、工作速度快。

作为量子型红外探测器材料，初期研究开发的半导体材料是铅的硫族化合物（PbS、PbSe、PbTe）[7]。这类半导体材料是利用了带间跃迁的本征型材料，主要用于单像素光敏器件。20世纪50年代，单晶InSb被用作本征型量子型红外探测器材料。由于InSb在77K时带隙能量为0.23eV，截止波长为5.5μm，所以MWIR波长范围的红外探测是可行的。进入20世纪60年代，InSb的结晶品质得到改善，有助于InSb红外探测器的性能提高。

本征红外探测器用的半导体材料中最重要的是HgCdTe，是Lawson等在1959年提出将它应用到红外探测上的[8]。这种材料的带隙能量可以通过改变组成来调整，使用HgCdTe可以制备波长在2μm到14μm（最近更是扩大到长波长了）间任意截止波长的探测器。20世纪70年代后期到80年代，为了实现大型的IRFPA，开发出了耗电少、能够以高注入效率与信号读出电路（readout integrated circuit，ROIC）连接的高阻抗的HgCdTe光电探测器。

通过Si或Ge杂质态的电子（或空穴）激发探测红外线的非本征型光敏红外探测器是量子型红外探测器，即便在长波长区域也极具灵敏度。有报告指出，加压的镓掺锗非本征型光敏器件在200μm波长区域具有灵敏度[7]。20世纪50年代初期，开发了采用非本征型掺汞锗线性探测器阵列的LWIR摄像装置[7]。非本征型硅红外探测器的制造工艺与Si LSI工艺存在兼容性，可以高集成化，但因工作温度低，目前应用领域仅限于天文观测等。

Noble在1968年提出了金属氧化物半导体（metal oxide semiconductor，MOS）X-Y成像阵列[9]，在1970年Boyle和Smith发明了电荷耦合器件（charge-coupled device，CCD）[10]。和可视光域一样，这些发明在红外线领域与二维凝视型图像传感器的开发相关联。采用了HgCdTe光电型探测器的二维凝视型IRFPA，被用在防卫用红外摄像系统等方面。

凝视型图像传感器可以长时间积蓄信号电荷，对红外探测器的灵敏度和响应速度的要求有所放宽，实现其高集成化和高均一性成为重要课题。因为地面红外摄像是高清背景摄像，所以二维IRFPA开发之初，红外摄像装置的重要性能指标——噪声等效温差（noise equivalent temperature difference，NETD）是由IRFPA的不均一性决定的。

通过这种状况变化，低量子效率、高均一性的Si光电子发射探测器受到了关注。肖特基势垒和异质结结构的光电子发射探测器是通过势垒分离载流子的能量来探测红外线的。PtSi肖特基势垒IRFPA是由Si LSI兼容性工艺制造的单片式结构器件。自20世纪80年代起的10多年间，PtSi肖特基势垒IRFPA维持了最高集成度。最初的具有电视分辨率的IRFPA[11]和最初的百万像素IRFPA[12]，都是由PtSi肖特基势垒技术实现的。

量子结构红外探测器（quantum structure infrared photodetector，QSIP）属于量子型中比较新型的探测器，包括量子阱红外光电探测器（quantum well infrared photodetector，QWIP）[7]、量子点红外光电探测器（quantum dot infrared photodetector，QDIP）[13]、Ⅱ类应力层超晶格（Type-Ⅱ strained layer superlattice，Type-Ⅱ SLS）[7]等。QWIP的光探测装置是以量子阱内的带间跃迁为基础的。以GaAs为基础的QWIP，因使用了化合物半导体中完成度最高的工艺技能，在20世纪90年代有了显著的进步。与HgCdTe相比，QWIP的量子效率和工作温度低，但在高集成化及多波长化方面具有优势。QDIP通过将QWIP的一维载流子限域变为三维限域，使垂直入射成为可能，可以实现比QWIP更高的工作温度和量子效率。Type-Ⅱ超晶格是通过超晶格形成的带间跃迁探测红外线的探测器，在工作温度和量子效率方面是唯一能够与HgCdTe竞争的技术，开发变得活泛起来。

表2.1对红外探测器的比较做了汇总。

表 2.1　红外探测器的特点

类　型		工作原理	灵敏度 / 响应时间	光谱响应	FPA 结构	典型材料
热型（非制冷）	铁电探测器	自发极化的温度依赖性（热释电型）	低 / 慢	取决于吸收层	混　合	BST、PST、PZT、PVDF
		介电常数的温度依赖性（介质辐射热计）				
	电阻测辐射热计	电阻的温度依赖性			单片式	VOx、α -Si
	热释电探测器	塞贝克效应				多晶硅
	二极管探测器	伏安特性的温度依赖性				硅
量子型（制冷）	本征探测器	带间跃迁	高 / 快	取决于带隙能量	混　合	碲镉汞、锑化铟
	非本征探测器	杂质能级激发		取决于杂质能级		Si ：In，Si ：Ga，Ge ：Gu，Ge ：Hg
	光电型探测器	肖特基势垒或异质结结构的辐射	中等 / 快	取决于势垒高度	单片式	硅化铂 /p-Si，硅化锗 /p-Si
	QSIP（QWIP，QDIP，Ⅱ型 SLS）	超晶格结构中的带内跃迁或带间跃迁		随设计可变	混　合	砷化镓 / 砷化铝镓 砷化铝镓 / 砷化铟 砷化铟 / 锑化镓

2.2　非制冷IRFPA开发的历史

如第1章所述，由热型红外探测器集聚而成的IRFPA称为非制冷IRFPA。与之相对，量子型IRFPA称为制冷型IRFPA。20世纪90年代初，IRFPA指的是量子型，所以制冷型IRFPA这个词基本没有被使用过。1992年发表了钛酸钡锶（BST）铁电非制冷IRFPA[14]和氧化钒（VOx）电阻测辐射热计非制冷IRFPA[15]，非制冷IRFPA受到关注，为了区分使用热型探测器的IRFPA和使用量子型的IRFPA采用了“非制冷”和“制冷”的用语。

BST铁电非制冷IRFPA[14]是金属凸点按每个像素将探测器芯片和Si ROIC芯片连接的混合结构器件。这种非制冷IRFPA在20世纪90年代被用于车载视觉辅助装置等，在非制冷红外相机的商业化中发挥了重要作用。另一方面，电阻测辐射热计非制冷IRFPA[15]是由20世纪80年代后期快速发展的MEMS技术制备的单片结构器件。电阻测辐射热计非制冷IRFPA的像素，是由薄膜温度传感器的受光部在ROIC上远离基板而得以维持的。支撑受光部的支架可以通过与Si LSI相同的制造技术制备，所以可以将受光部和基板间的热导降到很小。非制冷IRFPA可以通过降低热导获得高灵敏度，所以电阻测辐射热计非制冷IRFPA与混合结构的铁电非制冷IRFPA相比，可以实现更高的性能。

图2.2展示的是MEMS技术的基本工艺——体微加工（bulk micromachining）和表面微加工（surface micromachining）制备的示例。VOx电阻测辐射热计非制冷IRFPA[15]是由表面微加工工艺制备的。MEMS技术在电阻测辐射热计非制冷IRFPA的开发历史中发挥了非常重要的作用。随着MEMS技术的提高，实现了适用于小像素间距的复杂像素构造[16, 17]的制作，电阻测辐射热计非制冷IRFPA现在仍在发展。MEMS技术使非制冷IRFPA的量产和制造成本降低成为可能，有助于红外成像的应用领域的扩大。

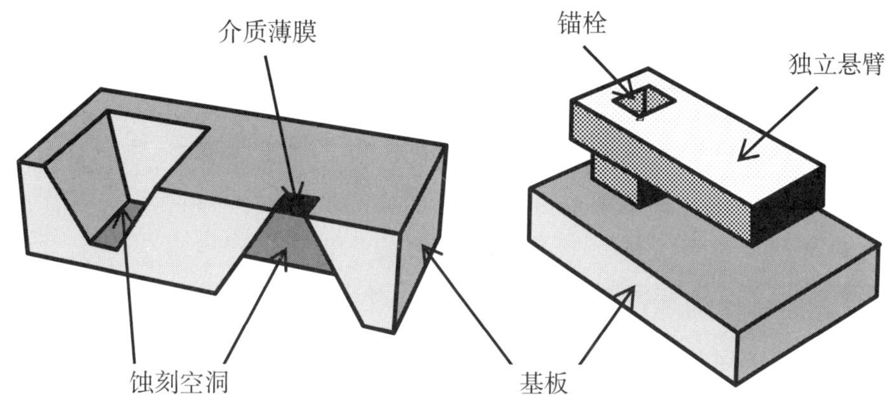

图2.2　体微加工（左）和表面微加工（右）制备示例

非制冷IRFPA与数字微镜器件（digital micromirror device，DMD）并列，是最成功的集成化MEMS器件之一。DMD是将具有双稳态的反射镜及控制该反射镜状态的静态随机存取存储器单元集成化的数字器件。另一方面，非制冷IRFPA是在一个芯片上形成信号读出电路和红外探测器像素阵列，处理因红外线吸收而变化的像素内的温度传感器的输出的模拟集成化MEMS器件。这种集成化MEMS器件的制造中，MEMS工艺与Si LSI工艺的兼容性很重要。

MEMS非制冷IRFPA继电阻测辐射热计方式后，开发了二极管方式的器件[6]。而对于铁电非制冷IRFPA，也曾尝试通过MEMS技术的单片式结构实现更高性能，但未能实现与电阻测辐射热计非制冷IRFPA相匹敌的性能，开发中断了。电阻测辐射热计方式和二极管方式的非制冷IRFPA，通过降低热导，实现了图2.3所示的像素间距缩小。

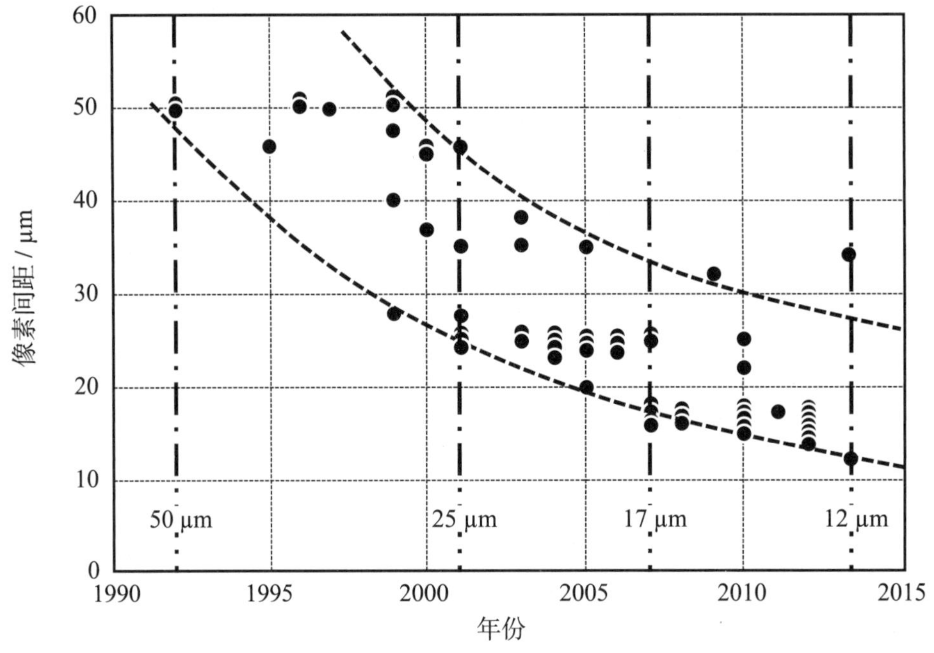

图2.3　非制冷IRFPA的像素间距缩小的变迁

1992年发表的电阻测辐射热计非制冷IRFPA的像素间距为50μm[15]。像素间距在2001年缩小到25μm[17~21]，2007年缩小到17μm[22~24]，2013年缩小到12μm[25~27]，最近又发表了像素间距10μm的技术[28]。此外，二极管非制冷IRFPA的像素间距从1990年的40μm[6]缩小到2004年的25μm[16]，2012年更是缩小到15μm[29]。图2.3中呈现了2条虚线，下方的虚线呈现的是像素间距缩小的最前沿。如图所示，位于上方虚线右上方的器件几乎不存在，可以看出像素间距的世代更替在15年左右完成。

图2.4展示的是非制冷IRFPA的分辨率的发展。1992年发表的电阻测辐射热计非制冷IRFPA的像素数是320×240像素（quarter video graphics array，QVGA）[15]，随着像素间距的缩小，高分辨率化变得可行，1999年开发了

640×480像素（video graphics array，VGA）的非制冷IRFPA[17，30]，2007年开发了1024×768像素（extended graphics array，XGA）的器件[31]。最近，分辨率跨入百万像素的领域，开发出1920×1080像素（high definition，HD）的高分辨率的非制冷IRFPA[32，33]。

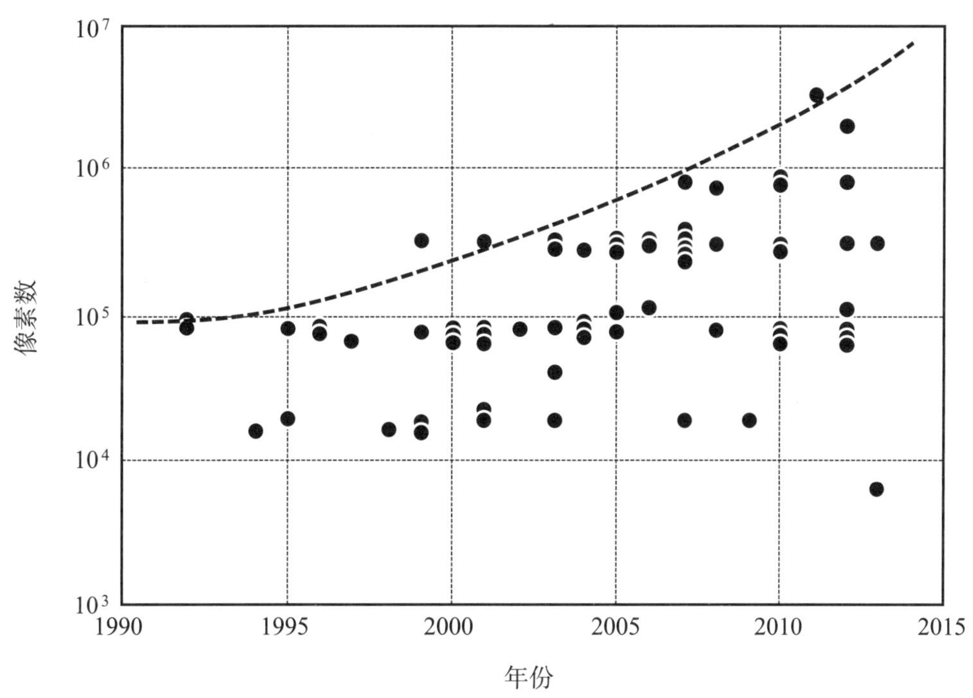

图2.4 非制冷IRFPA的分辨率（像素数）的发展

二极管非制冷IRFPA在1999年发表的最初的器件像素数是320×240像素，到2005年是VGA[34]，到2012年是2000×1000像素[29]，实现了高分辨率化。图2.5和图2.6呈现了2000×1000像素二极管非制冷IRFPA器件和摄像示例的照片。

从图2.4可以看出，高分辨率化发展的同时，低分辨率的非制冷IRFPA的开发也在进行。这种低分辨率器件是为了在低端领域开拓新事业而开发的。具有代表性的例子有80×60像素[35]，80×80像素[36]，160×120像素[35]，206×156像素[37]的电阻测辐射热计非制冷IRFPA。

图2.7所展示的小型红外相机核心部件[35]是使用了这种低分辨率的非制冷IRFPA的产品的例子。这种红外相机核心部件的尺寸和重量分别是8.5mm×8.5mm×5.9mm和0.5g，该核心部件由2枚硅棱镜和含有14位的A/D转换器的信号处理用LSI集成。相机核心部件是作为半成品售卖的，由用户装入系统

中。在信号处理用LSI中装有红外成像所必需的校正功能，即便不具备红外相机相关技术，用户也可以构建搭载有红外相机的系统。

采用了热电探测器的热电堆非制冷IRFPA，与采用了电阻测辐射热计及二极管探测器的非制冷IRFPA相比，本身的灵敏度低，不适用于捕捉细微的温度变化转为图像的红外成像。但是，因为其容易制造，且不需要器件的温度控制，所以从2010年前后开始以在家电产品上搭载为目的的小规模阵列的开发[38~46]。热电堆非制冷IRFPA已经被活用到空调[47, 48]、微波炉[49]、照明[50]控制中。

图2.5　200万像素二极管非制冷IRFPA

图2.6　200万像素二极管非制冷IRFPA的拍摄实例

图2.7　使用低分辨率的非制冷IRFPA的小型红外相机核心部件

此外，还开发了采用温度传感以外的方法的非制冷IRFPA。例如，利用异质材料的热膨胀系数之差产生机械变形的双材料非制冷IRFPA[51]和利用法布里-佩罗薄膜干涉滤光片的透过特性的温度依赖性进行温度传感的热光非制冷IRFPA[52]，虽然这些非制冷IRFPA是以替代主流的电阻测辐射热计非制冷IRFPA为目标而设计的，但至今还没有威胁到电阻测辐射热计的主流地位。

第3章
非制冷IRFPA的基础

3.1 热型红外探测器的动作

非制冷IRFPA中采用了热型红外探测器。图3.1展示的是热型红外探测器的一般结构。在这种结构中，温度传感器通过支架与基板结合。温度传感器中也有不需要电气连接的光学信号读出方式，在此仅对读出电气信号的温度传感器进行说明。入射的红外线被装有温度传感器的红外线吸收层吸收，使温度发生变化。支架发挥了3项作用：机械式支撑受光部（红外线吸收层和温度传感器为一体的结构）的作用、作为热传递途径的作用、作为电气接线路径的作用。如果支撑结构的热导足够小，则红外线吸收层吸收入射的红外线时，温度传感器上产生输出波动，这种输出波动通过支架内的电气接线，被基板上的读出电路放大，输出到外部。

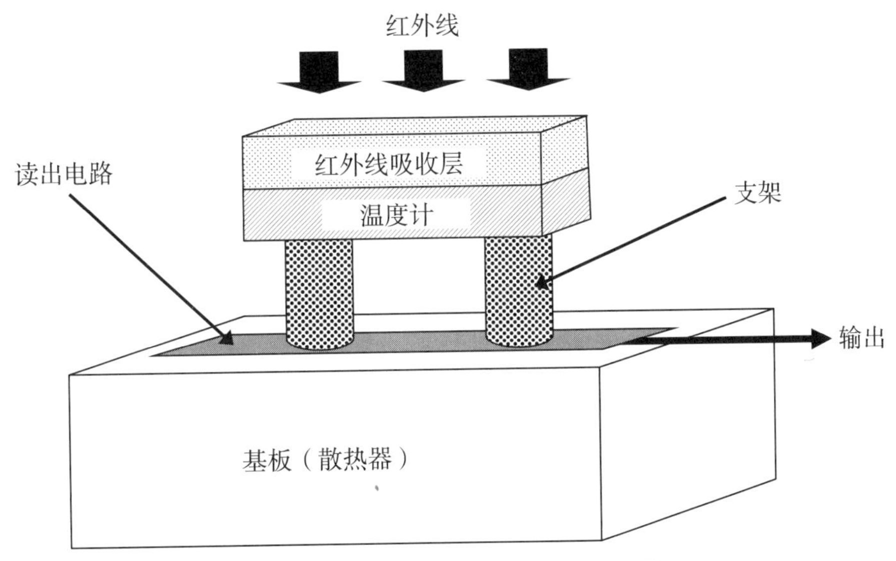

图3.1　热型红外探测器的基本结构

3.2 非制冷IRFPA的构成和动作

非制冷IRFPA是将热型红外探测器以二维阵列摆放，通过电子扫描读取信号。图3.2以非制冷IRFPA为例展示了电阻测辐射热计IRFPA的构成。像素内含有像素选择用开关——MOS晶体管。这个开关的ON/OFF由外围电路之一的行扫描电路的时钟控制。开关为ON的像素的测辐射热计与信号线相连，并连接到设置于像素阵列外部的恒定电流源（图中未示出），电流流通。其结果是，信号线的电压随着测辐射热计的电阻变化而发生变化。也有将电源作为恒定电源，将流入测辐射热计的电流或串联连接的负荷电阻两端的电压作为信号的情况。信号线中出现的信号电压被设置于各列的积分器积分。积分动作不仅可以放大信号，还可以通过限制频带来抑制噪声。积分时间越长越能改善信噪比，在图3.2所示的结构中，最长的积分时间是1个水平扫描周期，也就是1个帧周期除以像素阵列行数所得的时间。在积分动作结束后，打开传输门（transfer gate），将被积分的信号传输到采样保持器用的存储电容中，在连续的水平扫描周期内驱动列多路复用器（column multiplexer），依次读取。

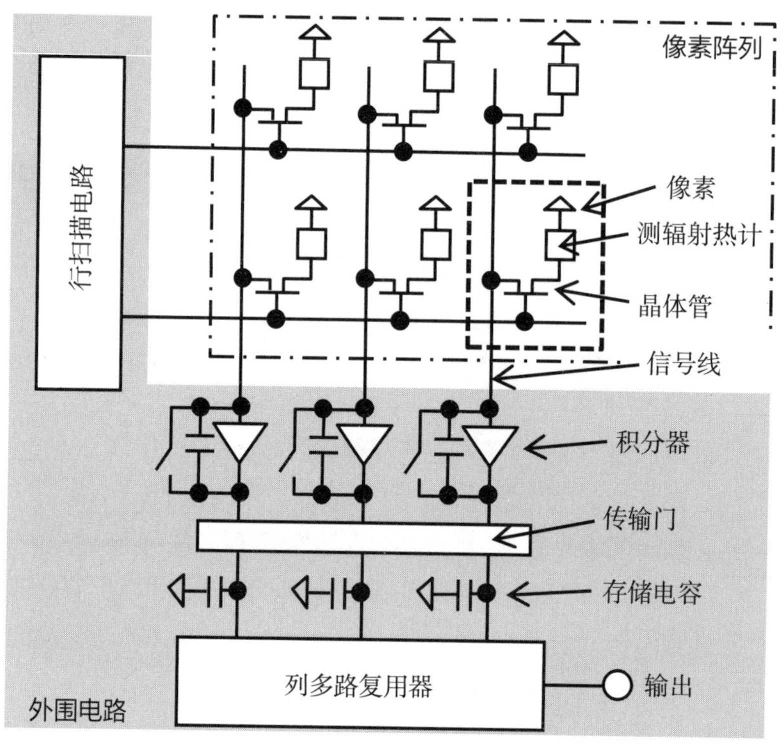

图3.2　电阻测辐射热计IRFPA的构成

3.3　红外成像

图3.3展示了红外成像的概念，非制冷IRFPA通过透镜观测目标。图中d_1是透镜的直径，l_{fl}是IRFPA到焦点距离，L是透镜到目标的距离。IRFPA的像素阵列整体可以观测到的范围的大小称为视场，对应的角度称为视场角（field of view，FOV）。另外，像元观测到的范围的大小称为瞬时视场，其对应的角度叫做瞬时视场角（instantaneous field of view，IFOV）。

如果IRFPA的水平方向的像素阵列大小为l_{px}，垂直方向的像素阵列大小为l_{py}，则水平视场角θ_{HFOV}和垂直视场角θ_{VFOV}为

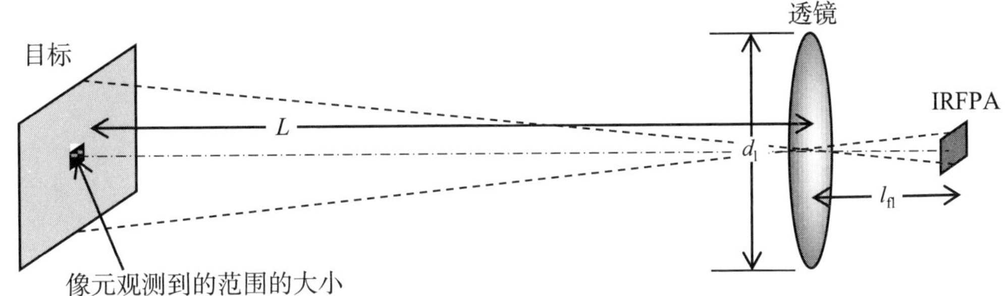

图3.3 红外成像

$$\theta_{HFOV}=2\times\tan^{-1}\left(\frac{l_{px}}{2\cdot l_{f1}}\right) \tag{3.1}$$

$$\theta_{VFOV}=2\times\tan^{-1}\left(\frac{l_{py}}{2\cdot l_{f1}}\right) \tag{3.2}$$

距离透镜L处的目标的水平视场L_{HFOV}和垂直视场L_{VFOV}为

$$L_{HFOV}=2\cdot L\cdot\tan\left(\frac{\theta_{HFOV}}{2}\right)=\frac{l_{px}\cdot L}{l_{f1}} \tag{3.3}$$

$$\theta_{VFOV}=2\times\tan^{-1}\left(\frac{l_{py}}{2\cdot l_{f1}}\right) \tag{3.4}$$

像素通常是呈正方形的，假设像素间距为l_p，则瞬时视场角θ_{IFOV}和瞬时视场L_{IFOV}为

$$\theta_{IFOV}=2\times\tan^{-1}\left(\frac{l_p}{2\cdot l_{f1}}\right) \tag{3.5}$$

$$L_{IFOV}=2\cdot L\cdot\tan\left(\frac{\theta_{IFOV}}{2}\right)=\frac{l_p\cdot L}{l_{f1}} \tag{3.6}$$

红外成像是探测目标的温度分布形成图像。红外成像的转换过程如下：

（1）目标的温度变化转换为红外辐射量变化。

（2）目标的红外辐射量的变化通过光学系统转换为IRFPA像素的红外吸收量变化。

（3）吸收的红外线能量转换为IRFPA像素的温度变化。

（4）探测器的温度变化以温度传感器的电气信号形式被输出。

在此，我们考虑的是目标的温度变化转换为射入到IRFPA像素中的红外功率的过程。

根据Planck的辐射定律，温度为T（绝对温度）的黑体的光谱辐射出射度（spectral radiant exitance）为[53]

$$M_e(\lambda,T)=\frac{2\cdot\pi\cdot h\cdot c^2}{\lambda^5}\frac{1}{\exp\left(\frac{h\cdot c}{\lambda\cdot k\cdot T}\right)-1} \tag{3.7}$$

这里，λ为波长，h为普朗克常数（6.626×10^{-34}J·s），k为玻尔兹曼常数（1.381×10^{-23}J/K），c为光速（2.998×10^{8}m/s）。式（3.7）使用c_1和c_2两个辐射常数可改写为下式：

$$M_e(\lambda,T)=\frac{c_1}{\lambda^5}\frac{1}{\exp\left(\frac{c_2}{\lambda\cdot T}\right)-1} \tag{3.8}$$

这里，c_1是第一辐射常数（3.742×10^{8}Wμm^4/m^2），c_2是第二辐射常数（$1.438\times10^{4}\mu$m·k）[53]。采用上述辐射常数得到的光谱辐射出射度的单位是W/m^2·μm。

光谱辐射亮度（spectral radiance）I_e（λ, T）不依赖于辐射方向时为

$$I_e(\lambda,T)=\frac{M_e(\lambda,T)}{\pi}=\frac{c_1}{\pi\cdot\lambda^5}\cdot\frac{1}{\exp\left(\frac{c_2}{\lambda\cdot T}\right)-1} \tag{3.9}$$

使用前面的辐射常数得到的光谱辐射亮度的单位为W/m^2·μm·sr。

假设用于红外成像的波长范围是$\lambda_1\sim\lambda_2$，则温度为T的辐射亮度I_e（λ_1–λ_2, T）为

$$I_e(\lambda_1-\lambda_2,T)=\int_{\lambda_1}^{\lambda_2}\frac{M_e(\lambda,T)}{\pi}\mathrm{d}\lambda=\int_{\lambda_1}^{\lambda_2}\frac{c_1}{\pi\cdot\lambda^5}\cdot\frac{1}{\exp\left(\frac{c_2}{\lambda\cdot T}\right)-1}\mathrm{d}\lambda \tag{3.10}$$

因此，目标温度仅发生ΔT变化时，目标的辐射亮度的变化ΔI_e（λ_1–λ_2, T）为

$$\Delta I_e(\lambda_1-\lambda_2,T)=\frac{\partial I_e(\lambda_1-\lambda_2,T)}{\partial T}\cdot\Delta T=\frac{\Delta T}{\pi}\cdot\frac{\partial M_e(\lambda_1-\lambda_2,T)}{\partial T} \tag{3.11}$$

这里，M_e（λ_1-λ_2, T）是波长范围为$\lambda_1\sim\lambda_2$时的辐射出射度（radiant exitance），即

$$M_e(\lambda_1-\lambda_2,T)=\int_{\lambda_1}^{\lambda_2}M_e(\lambda,T)\,d\lambda=\int_{\lambda_1}^{\lambda_2}\frac{c_1}{\lambda^5}\cdot\frac{1}{\exp\left(\frac{c_2}{\lambda\cdot T}\right)-1}d\lambda \tag{3.12}$$

和式（3.11）相同，目标温度仅发生ΔT变化时，目标的辐射出射度的变化ΔM_e（λ_1-λ_2, T）为

$$\Delta M_e(\lambda_1-\lambda_2,T)=\frac{\partial M_e(\lambda_1-\lambda_2,T)}{\partial T}\cdot\Delta T \tag{3.13}$$

在图3.3所示的系统中，假设大气和透镜的透过率为1，目标瞬时视场辐射出的红外线穿过透镜，到达其对应的像素，到达像素部分的红外功率的变化ΔP_d为

$$\Delta P_d=\Delta I_e(\lambda_1-\lambda_2,T)\cdot L_{IFOV}{}^2\cdot\frac{\pi\cdot(d_l/2)^2}{L^2} \tag{3.14}$$

由于

$$\frac{L_{IFOV}}{L}=\frac{l_p}{l_{f1}} \tag{3.15}$$

所以透镜的F值为：

$$F=\frac{l_{f1}}{d_1} \tag{3.16}$$

式（3.13）可以变形为

$$\Delta P_d=\Delta M_e(\lambda_1-\lambda_2,T)\cdot\frac{A_d}{4\cdot F^2}=\frac{\partial M_e(\lambda_1-\lambda_2,T)}{\partial T}\cdot\Delta T\cdot\frac{A_d}{4\cdot F^2} \tag{3.17}$$

式（3.17）是目标的温度变化ΔT转换为射入IRFPA像素的红外功率的变化ΔP_d的关系式。这里的A_d是探测器面积，等于像素间距l_p的平方。

如果波长范围为8～14μm，那么可以得出[54]

$$M_e(8\sim14\ \mu m, 300\ K)=1.72\times10^2\ (W/m^2) \tag{3.18}$$

$$\frac{\partial M_{\mathrm{e}}(8\sim14\ \mu\mathrm{m},300\ \mathrm{K})}{\partial T}=2.62\ (\mathrm{W/m^2\ K}) \tag{3.19}$$

3.4 IRFPA的性能指标

非制冷IRFPA（红外探测器）的电压响应度（voltage responsivity）R_{v}为

$$R_{\mathrm{v}}=\frac{\Delta V_{\mathrm{s}}}{\Delta P_{\mathrm{d}}} \tag{3.20}$$

这里，ΔP_{d}是射入像元的红外功率的变化值，ΔV_{s}是输出电压的变化值。式（3.20）单位是V/W。当输出为电流变化时，可以定义电流响应度（current responsivity），单位是A/W。

响应度一般具有波长依赖性，所以可以定义波长λ的光谱响应度（spectral responsivity）$R_{\mathrm{v}}(\lambda)$。红外成像时接收波长范围为$\lambda_1\sim\lambda_2$的红外线，公式如下：

$$\Delta V_{\mathrm{s}}=\int_{\lambda_1}^{\lambda_2}R_{\mathrm{v}}(\lambda)\cdot\Delta P_{\mathrm{d}}(\lambda)\,\mathrm{d}\lambda \tag{3.21}$$

这里，$\Delta P_{\mathrm{d}}(\lambda)$是探测器的入射红外功率。

光源为黑体时，ΔP_{d}可以通过式（3.17）求得。在$\lambda_1\sim\lambda_2$的波长范围内，非制冷IRFPA的响应度为一定值R_{v}，假设像素100%吸收波长范围内的红外线，则黑体温度响应度R_{TBB}为

$$R_{\mathrm{TBB}}=\frac{\Delta V_{\mathrm{s}}}{\Delta T}=R_{\mathrm{v}}\cdot\frac{A_{\mathrm{d}}}{4\cdot F^2}\cdot\frac{\partial M_{\mathrm{e}}(\lambda_1-\lambda_2,T)}{\partial T} \tag{3.22}$$

R_{TBB}是目标的温度发生1K变化时得到的IRFPA的输出变化，单位为V/K。式（3.22）中包含了光学系统的F值，由此可知，R_{TBB}可以用于评价具备光学系统的摄像模块及摄像系统。

摄像系统的有效性能指标是噪声等效温差$NETD$：

$$NETD=\frac{V_{\mathrm{NT}}}{R_{\mathrm{TBB}}} \tag{3.23}$$

将式（3.22）代入式（3.23），得到

$$NETD = \frac{4 \cdot F^2 \cdot V_{\mathrm{NT}}}{R_{\mathrm{V}} \cdot A_{\mathrm{d}} \cdot \dfrac{\partial M_{\mathrm{e}}(\lambda_1 - \lambda_2, T)}{\partial T}} \tag{3.24}$$

这里，V_{NT}是总噪声（噪声大小是用rms表示的数值）。图像传感器的噪声分为暂态噪声（temporal noise）和固定模式噪声（fixed pattern noise，FPN）。两者分别有一些不相关的噪声成分存在时，V_{NT}是它们噪声成分的平方和的平方根。*NETD*指的是与总噪声相同大小的信号变化相对应的黑体的温度变化，表示$S/N = 1$时探测到的温度差。因此，*NETD*越小，IRFPA性能越高。

图3.4是*NETD*的测量方法，是用红外相机拍摄图像大小与像素间距相比足够大的温差黑体炉，用示波器观察信号的情况。温差黑体炉中央部位的温度比周围高ΔT时的输出为$+\Delta T_{\mathrm{Output}}$，比周围低$\Delta T$时的输出为$-\Delta T_{\mathrm{Output}}$，各自输出的平均变化量（绝对值）分别为$\Delta V_{\mathrm{p}}$和$\Delta V_{\mathrm{n}}$。假设摄像对象温度均匀部分的输出变动为噪声，观测的噪声振幅为$V_{\mathrm{Np\text{-}p}}$，则*NETD*可通过下式求取：

$$NETD = \frac{V_{\mathrm{Np\text{-}p}} / 6}{(\Delta V_{\mathrm{p}} + \Delta V_{\mathrm{n}}) / (2 \cdot \Delta T)} \tag{3.25}$$

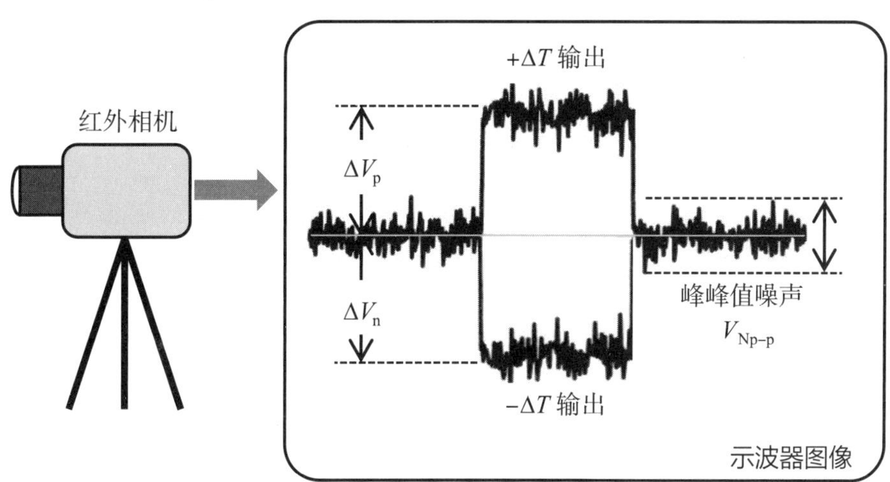

图3.4 *NETD*的测量方法的示例

红外探测器中也有以可探测的最小入射功率为性能指标的，这种性能指标称为噪声等效功率（noise equivalent power，NEP）。噪声等效功率P_{N}可通过下式求取[53]：

$$P_{\mathrm{N}} = \frac{V_{\mathrm{NT}}}{R_{\mathrm{v}}} \tag{3.26}$$

NEP越小，探测器的响应度越高，但我们习惯使用大数值来表示高性能探测器，所以常用探测率（detectivity）代替NEP[53]。探测率是NEP的倒数，即

$$D = \frac{1}{P_{\mathrm{N}}} \tag{3.27}$$

噪声等效功率和探测率在比较特定的探测器时是有用的性能指标，由于它们依赖于探测器的面积A_{d}和信号频带B，所以在比较探测装置或材料时，需要进一步优化性能指标。假设噪声是白噪声（噪声功率不依赖于频率），噪声与噪声带宽的平方根成正比，探测率和探测器面积的平方根成反比，则比探测率（specific detectivity）D^*[53]为

$$D^* = \frac{(A_{\mathrm{d}} \cdot B)^{1/2} \cdot R_{\mathrm{v}}}{V_{\mathrm{NT}}} = \frac{(A_{\mathrm{d}} \cdot B)^{1/2}}{P_{\mathrm{N}}} \tag{3.28}$$

比探测率是指探测器面积为1m^2，信号带宽为1Hz时的探测率，单位是m · Hz$^{1/2}$/W。红外探测器的响应度具有波长依赖性。另外，以黑体为光源的响应度测量中，响应度对黑体温度具有依赖性。因此，表示比探测率时，需要写明波长或者黑体温度。

红外探测器将投射的红外线能量转换为温度，进一步转换成电气信号，所以响应度R可以分解为

$$R = \frac{\Delta T_{\mathrm{d}}}{\Delta P_{\mathrm{d}}} \cdot \frac{\Delta V_{\mathrm{s}}}{\Delta T_{\mathrm{d}}} \tag{3.29}$$

其中，ΔT_{d}表示由入射的红外功率变化ΔP_{d}引起的像素的温度变化。该式右边的$\Delta T_{\mathrm{d}}/\Delta P_{\mathrm{d}}$是由像素的热设计决定的值，$\Delta V_{\mathrm{s}}/\Delta T_{\mathrm{d}}$为温度传感器的响应度。

同样的，考虑到从式（3.29）右边的摄像对象的温度变化ΔT到红外辐射量变化ΔP的转换和从ΔP到IRFPA像素的红外吸收量变化ΔP_{d}的转换，黑体的温度响应度可以分解为

$$R_{\mathrm{TBB}} = \frac{\Delta P}{\Delta T} \cdot \frac{\Delta P_{\mathrm{d}}}{\Delta P} \cdot \frac{\Delta T_{\mathrm{d}}}{\Delta P_{\mathrm{d}}} \cdot \frac{\Delta V_{\mathrm{s}}}{\Delta T_{\mathrm{d}}} \tag{3.30}$$

式（3.30）右侧第1项是由普朗克辐射定律决定的，第2项是由光学系统决定的。

3.5 非制冷IRFPA的设计

3.5.1 决定响应度的主要因素

从式（3.30）可以看出，决定热型红外探测器和非制冷IRFPA的性能的主要因素中与探测器的设计有关的要素有3项：

（1）式（3.30）右侧第4项的温度传感器的性能。不光是响应度，在选择温度传感器时噪声也是应该探讨的重要项目。非制冷IRFPA的探测器中，Si信号读出电路在制造的基板上实现一体集成化是最理想的。这样一来，可以在不降低CMOS（complementary metal-oxide semiconductor，互补金属氧化物半导体）LSI性能的情况下制成温度传感器，这也是选定温度传感器的关键理由。在经过接线工序的Si LSI上制作探测器时，LSI的耐热温度会成为制作优质温度传感器的障碍。

（2）与式（3.30）右侧第3项相关的像素的热设计。受光部和作为散热器的基板间的绝热性越高，像素的温度变化越大。绝热的好坏是由支架的设计及封装决定的。非制冷IRFPA具有代表性的支架有凸点连接和微桥两种[1, 3, 4]。如第2章所述，以MEMS技术实现的微桥结构能够获得高于凸点连接的绝热性[15, 55]。通过MEMS结构对绝热性能的改善，使非制冷IRFPA的性能得到了飞跃性提高。用MEMS技术提高支撑结构的绝热性时，通过气体而产生的热流失也是个问题，所以必须要引入真空封装。

（3）式（3.30）右侧第2项表示的内容。该项由红外相机的光学系统的设计和红外线吸收层的吸收率决定。本书中不涉及红外相机的光学设计，仅就红外线吸收层的设计介绍代表性的实例。红外线吸收层的材料的选定和结构的设计决定IRFPA的光谱响应度特性，对受光部的热容量也有影响。为了实现热型红外探测器的高灵敏化和响应速度的高速化，需要热容量小、红外线吸收率大的红外线吸收层。

下文是对这3个主要因素的研究。

3.5.2 温度传感器

如第2章所述，用于非制冷IRFPA的主要的温度传感器有热释电传感器、介质辐射热计、电阻测辐射热计、热电堆传感器、二极管传感器、双材料传感器、热光传感器。从第4章到第9章会对这些进行详细讨论。

3.5.3 热设计

1. 热平衡

为了理解绝热的重要性，这里对热型红外探测器进行简单的热分析。绝热的探测器中储存的能量是流入探测器的能量和流出的能量之差，储存的能量有助于受光部温度的上升。热型红外探测器存在因探测器通电产生焦耳热的情况，但在此只把探测器吸收的红外线能量作为流入能量进行分析。关于焦耳热的分析，在第5章进行说明。电阻测辐射热计的情况下，焦耳热的产生会制约动作条件。

图3.5是热型红外探测器的热量收支说明图。红外线吸收层通过支架悬浮在基板腔体上。射入的红外线被红外线吸收层吸收，转换为热量，改变红外线吸收部位的温度。红外线吸收层和外围形成温度差时，红外线吸收层和基板间产生热流。热流的成分有3种：支架热流、气体热流、辐射热流。周围存在气体时，对流也会引起热传递，这种影响比通过气体传递热量的热导小[4]，所以以后我们忽略对流的影响进行分析。

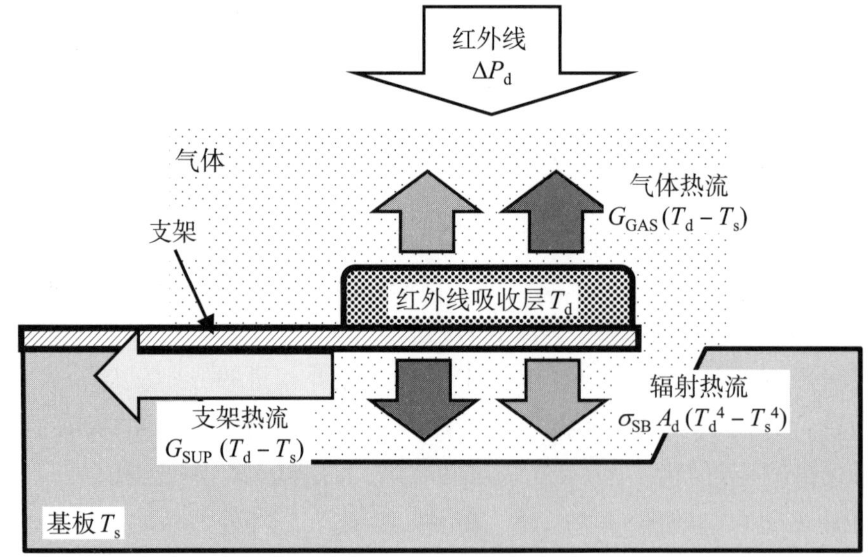

图3.5　热型红外探测器的热量收支

假设红外线吸收层的温度为T_d，包含基板在内的外围温度为T_s，则通过支架和气体的热导传递的热功率P_{COND}为

$$P_{COND} = (G_{SUP} + G_{GAS}) \cdot (T_d - T_s) \quad (3.31)$$

这里，G_{SUP}和G_{GAS}分别是支架和气体的热导。

绝热的红外探测器向外围释放红外线，吸收由外围辐射出的红外线。如果

$T_d > T_s$，则红外辐射引起的能量传递会由探测器向外围结构扩散。若红外线吸收层的辐射率为1，则红外辐射传递的热功率P_{RAD}为[2]：

$$P_{RAD} = \sigma_{SB} \cdot A_d \cdot (T_d^4 - T_s^4) \tag{3.32}$$

其中，σ_{SB}是斯特藩–玻尔兹曼常数（$5.670 \times 10^{-8}\text{W/m}^2\text{K}^4$）。探测器和外围的温度差非常小，所以辐射传热为

$$G_{RAD} = 4 \cdot \sigma_{SB} \cdot A_d \cdot T_d^3 \tag{3.33}$$

我们可以把它等效为热导的热传递进行分析[3]。

因此，传递的总热功率P_{TOT}可通过下式求得：

$$P_{TOT} = G_T \cdot (T_d - T_s) = G_T \cdot \Delta T_d \tag{3.34}$$

其中，G_T是总热导，公式为

$$G_T = G_{SUP} + G_{GAS} + G_{RAD} \tag{3.35}$$

投射到红外线吸收层的红外功率是流入红外线吸收层的功率，式（3.34）的总热功率是从红外线吸收层流出的功率。流入功率和流出功率之差储存到红外线吸收层，引起温度变化，因此下式成立：

$$C_H \cdot \frac{d(\Delta T_d)}{dt} = \Delta P_d - G_T \cdot \Delta T_d \tag{3.36}$$

其中，C_H是受光部的热容量，t是时间。当红外线吸收层的辐射率不等于1时，式（3.36）的ΔP_d要乘以辐射率。辐射率等于吸收率。

考虑到投射到像素中的红外线的光通量以角频率ω发生正弦波变化，则

$$\Delta P_d(t) = \Delta P_0 \cdot \exp(j \cdot \omega \cdot t) \tag{3.37}$$

其中，ΔP_0为入射红外线的振幅。这种情况下式（3.36）的稳态解为

$$\Delta T_d(t) = \frac{\Delta P_0 \cdot \exp(j \cdot \omega \cdot t)}{G_T + j \cdot \omega \cdot C_H} \tag{3.38}$$

因此，红外线吸收层的温度以与红外线相同的角频率变化，它的振幅为

$$\Delta T_d = \frac{\Delta P_0}{G_T (1 + \omega^2 \cdot \tau_T^2)^{1/2}} \tag{3.39}$$

其中，τ_T是热时间常数，通过下式求得：

$$\tau_{\mathrm{T}} = \frac{C_{\mathrm{H}}}{G_{\mathrm{T}}} \tag{3.40}$$

低频域（$\omega \cdot \tau_{\mathrm{T}} << 1$）时，$\Delta T_{\mathrm{d}}$近似于下式：

$$\Delta T_{\mathrm{d}} = \frac{\Delta P_0}{G_{\mathrm{T}}} \tag{3.41}$$

由此可知，探测器和基板的温度差ΔT_{d}与热导G_{T}成反比。

高频域（$\omega \cdot \tau_{\mathrm{T}} >> 1$）时，$\Delta T_{\mathrm{d}}$为：

$$\Delta T_{\mathrm{d}} = \frac{\Delta P_0}{\omega \cdot C_{\mathrm{T}}} \tag{3.42}$$

由此可知，入射红外线的调频越高，响应度越低。根据式（3.39），截止角频率$\omega_{\mathrm{c}} = 1/\tau_{\mathrm{T}}$，响应度是低频域的$\sqrt{1/2}$倍。在高频域中，不光会显得响应度低，运动物体的图像会有拖尾现象，所以视频帧率（30fps）下动作的非制冷IRFPA的热时间常数通常设计在10ms左右。

2. 温度–温度转换

红外成像是通过将目标的温度变化ΔT转换为红外辐射量的变化，辐射出的红外线由透镜聚光，到达IRFPA像素的红外线被红外线吸收层吸收，引起探测器的温度变化ΔT_{d}。ΔT_{d}和ΔT的比率$\Delta T_{\mathrm{d}}/\Delta T$是目标和探测器的温度转换率，假设$\Delta P_0 = \Delta P_{\mathrm{d}}$，由式（3.20）和式（3.41）可得：

$$\frac{\Delta T_{\mathrm{d}}}{\Delta T} = \frac{1}{G_{\mathrm{T}}} \cdot \frac{\partial M_{\mathrm{e}}(\lambda_1 - \lambda_2, T)}{\partial T} \cdot \frac{A_{\mathrm{d}}}{4 \cdot F^2} \tag{3.43}$$

例如，当$F = 1$，$A_{\mathrm{d}} = 50\mu\mathrm{m} \times 50\mu\mathrm{m}$时，如果$G_{\mathrm{T}}$为$1 \times 10^{-7}\mathrm{W/K}$，则目标的温度发生1K变化时像素的温度变化为16mK。$F = 1$，$A_{\mathrm{d}} = 50\mu\mathrm{m} \times 50\mu\mathrm{m}$时$\Delta T_{\mathrm{d}}/\Delta T$的热导依赖性如图3.6所示。

3. 支架的热导

图3.7是采用了铁电材料的非制冷IRFPA的像素结构。这种结构是一种混合像素结构，在MEMS技术兴起之前，都是以它为主流的。图3.7(a)是20世纪80年代的像素结构，构成各像素的铁电探测器的下电极（lower electrode）和Si ROIC的信号输入部位是以金属凸点连接的。探测器的上电极（upper electrode）是所有像素的通用电极。Si ROIC发挥了散热器的作用。这种结构的热流以通过金属凸

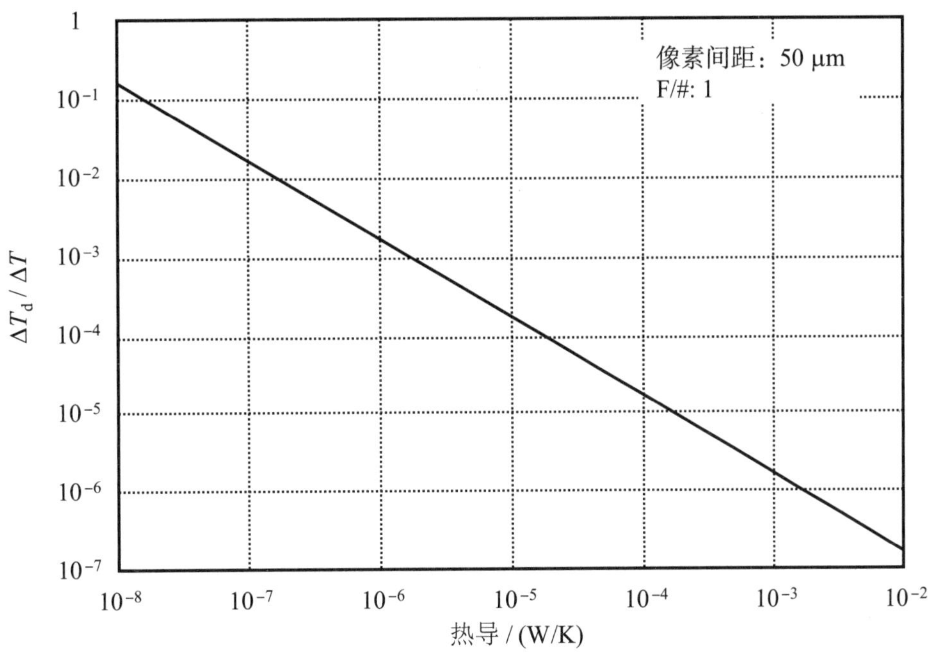

图3.6　热导依赖性

点的热流为主，像素间距在50μm左右时，推算出热导为10^{-3} ~ 10^{-4}W/K。由图3.6可知，当目标的温度发生1K变化时，这种结构的探测器的温度变化为1 ~ 10μK。非制冷IRFPA探测出这个等级的温度变化是非常困难的。

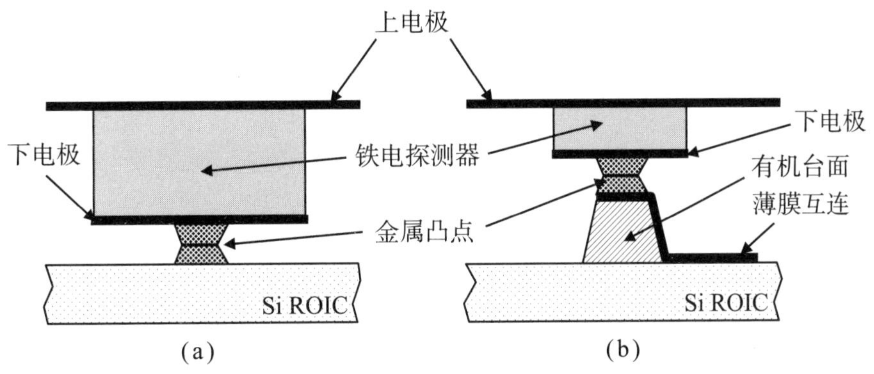

图3.7　混合像素结构

1992年改善了混合结构，开发出了图3.7(b)的结构[14]。在这种结构中，探测器和下电极及Si ROIC不是直接通过金属凸点连接的，而是通过岛状的有机台面（organic mesa）的表面形成的薄膜配线来连接的。有机材料的热导率（thermal conductivity）比金属的小，所以与金属凸点相比，通过薄膜配线连接可以减小热导，实现高响应度。这种结构的像素热导降低到10^{-5}W/K，当目标的温度发生1K变化时，探测器温度变化0.1～1mk。改善的结果是，混合型非制冷IRFPA的性能达到了实用化水平。但是，改善了混合结构后热导降低的极限为10^{-6}W/K，要再往上提高性能还是很困难的。

进入20世纪90年代，MEMS技术被用于非制冷IRFPA的生产，支架的热导得到了锐减。图3.8展示了用MEMS技术生产的非制冷IRFPA的像素结构。这种结构通过2根支架使红外线吸收层悬浮于基板表面。支架部分是通过锚栓与基板连接的。热量通过支架从红外线吸收层向作为散热器的基板流动。在基板上形成ROIC。这种结构与LSI的制造相同，是由采用了薄膜成膜技术和光刻技术的微细加工技术加工的，可以实现极小的热导。

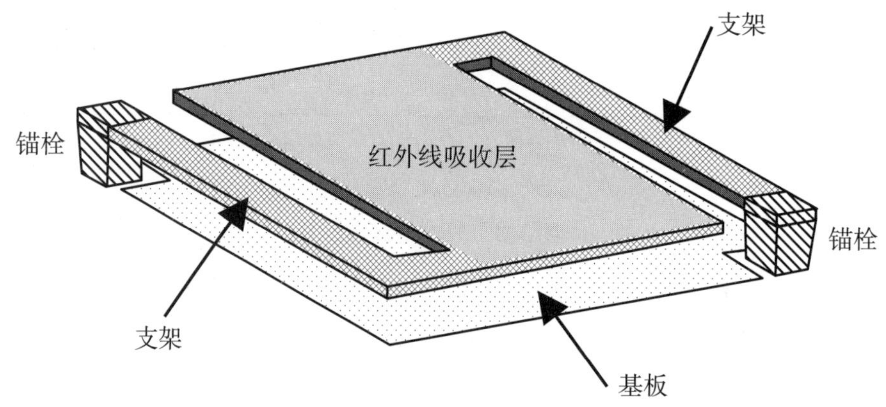

图3.8　MEMS技术制造的非制冷IRFPA的像素结构

在此，我们就图3.8的结构下可实现的热导进行探讨。我们把2根长50μm的支架形成的像素间距当作50μm的像素。支架的主要部分是由绝缘膜形成的，而为了读取温度传感器的输出，需要电气接线。因为温度传感器是二端口器件，所以每根支架中含有1根金属配线，假设2根支架具有同样的剖面结构。

我们现在讨论一下绝缘膜是通过溅射形成的氮化硅膜（SiN），热导率为2W/mK[4]；金属配线材料为铬（Cr），热导率为29W/mK[4]的情况。如图3.9的剖面图所示，宽1μm、厚0.1μm的铬配线包含在宽2μm、厚1μm的氮化硅膜中。2根支架的热导为2.68×10^{-7}W/K。将该剖面缩放得到的热导如图3.9所示。横轴是换算系数（scaling factor），剖面随换算系数成比例缩小/放大。比如，换算系数为0.5，那么支架的宽为1μm，厚为0.5μm，配线的宽为0.5μm，厚为0.05μm。由图3.9可知，使用MEMS结构，实现1×10^{-7}W/K以下的热导很容易，与混合结构相比，可以实现高达10倍的响应度。

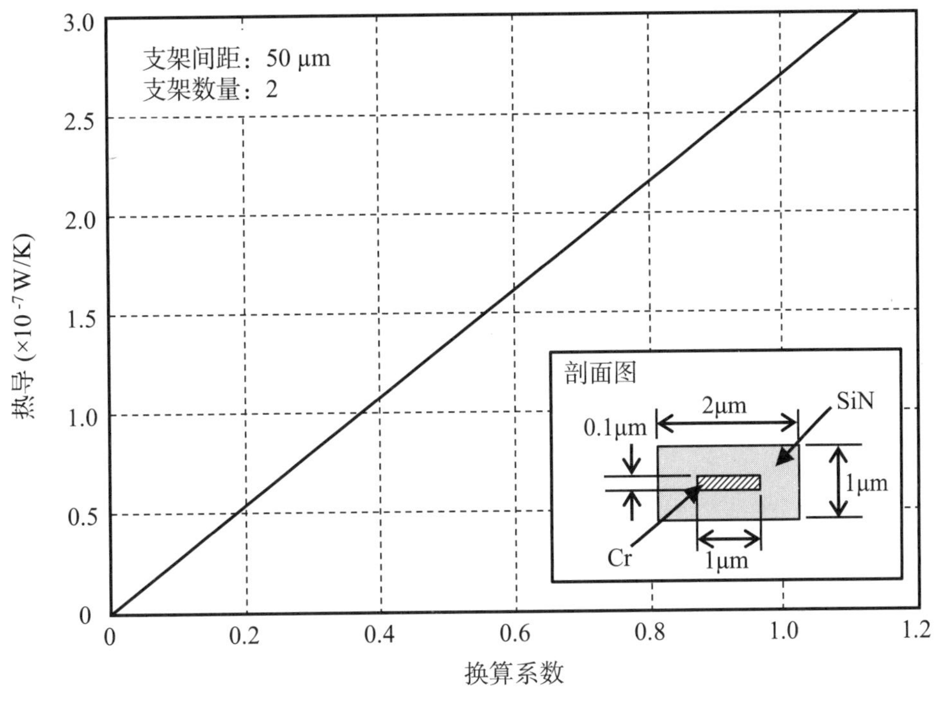

图3.9 支架的热导

4. 环境气体的影响

前一节中探讨了支架的热导，非制冷IRFPA的周围有气体存在时，需要考虑通过气体的热传递。图3.10是2个平行平板之间的气体的热传递的说明图。

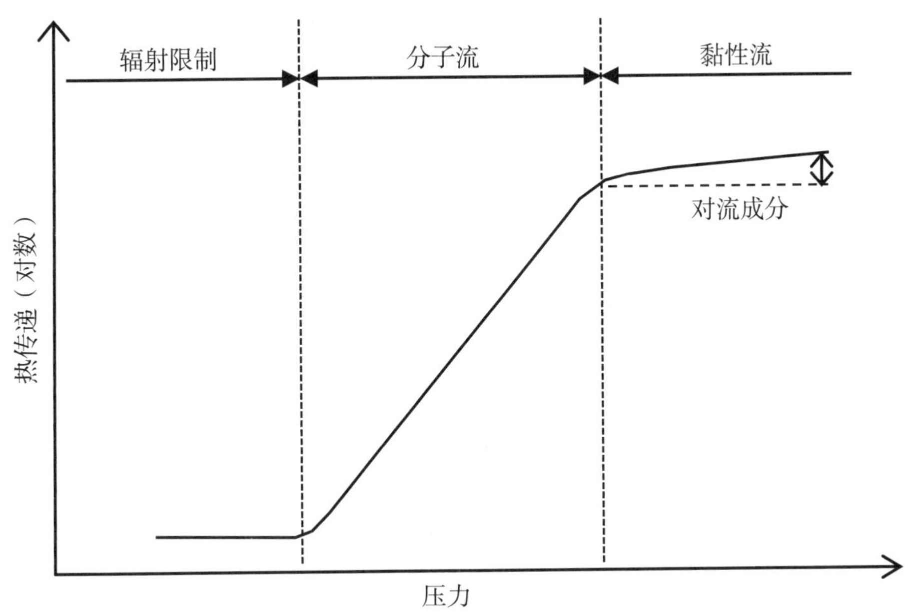

图3.10 通过气体的热传递的压力依赖性

在压力高、气体分子的平均自由程（mean free path）小于平板间距离的黏性流（viscous flow）区域，热能是通过气体分子间的碰撞传递的。这时，通过气体的热传递可以看作与固体内的热传递相同，热传递量是由气体的热导决定的。该区域的热传递不依赖于压力，但对流的热传递量会随着压力的升高而增大，所以实际的热传递量对压力存在些许的依赖性。

压力低、气体分子的平均自由程比平板间的距离长时，气体分子不与其他分子碰撞，而是在平板间来回流动，这种状态称为分子流（molecular flow），该区域的热传递量与气体分子的密度成正比。气体分子的密度与压力成正比，所以分子流区域的热传递量与气体的压力成正比。

在更低的压力区域，虽然由气体分子传递的热量随着压力降低而减少，但通过气体的热传递量小于热辐射释放的热量时，热辐射会变为热传递主要方式。因为热辐射量不依赖于压力，所以在低压力区域热传递量为一定值，这个区域称为辐射限制（radiation limited）区域。本节考虑黏性流区域和分子流区域中通过气体的热传递。

图3.11展示了黏性流区域通过气体的热传递的探讨结果。当气体为氮气，热导率为2.4×10^{-2}W/m·K（@0℃），上部平板（相当于图3.8的受光部）为50μm的正方形时，计算平行平板间的热导距离（图3.11中空腔的间距）的依赖性。

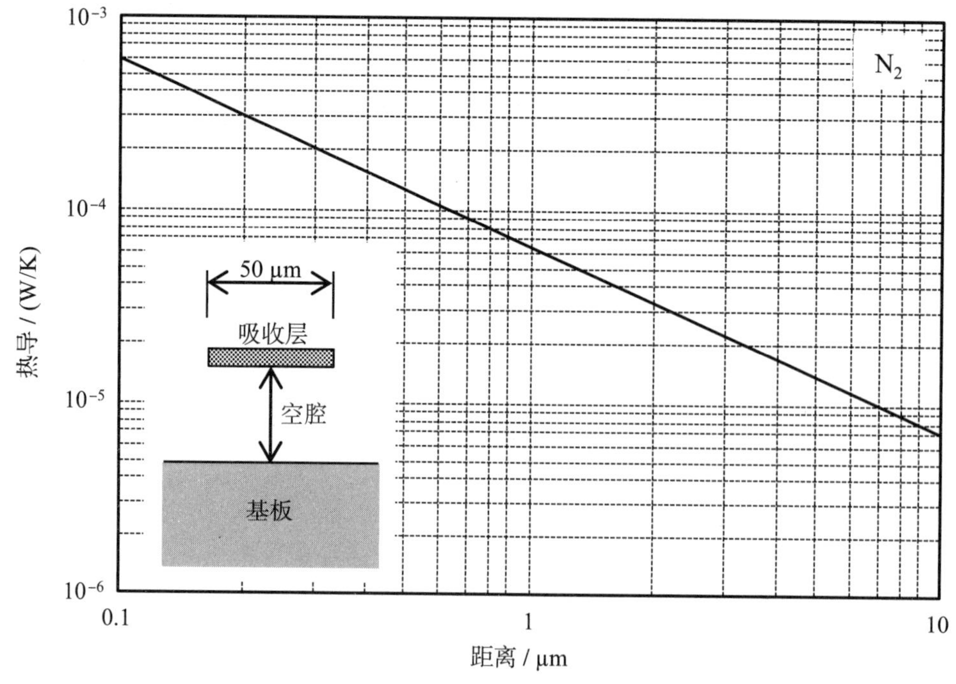

图3.11　氮气黏性流区域中的热导

一般的非制冷IRFPA的像素中，平板间距离大多为波段的中心波长的1/4。根据这种设计，LWIR用非制冷IRFPA中，平板间距离为2.5μm，热导为2.4×10^{-5}W/K。MEMS非制冷IRFPA要实现1×10^{-7}W/K以下的支架的热导很简单，所以依靠大气压封存氮气的封装内的非制冷IRFPA的性能，与没有气体影响时相比，要差将近2个数量级。

在红外线吸收层和封装之间也会通过环境气体产生热传递，此时的热传递路径长度与基板和红外线吸收层的距离相比要大2～3个数量级，所以可以忽略通过该热传递路径的热传递。

在分子流区域，通过气体的热传递量随着压力变化。在此，为了不让封装内的气体影响非制冷IRFPA的响应度，我们要探讨所需的真空度。

氮气分子的平均自由程在1Pa下是6.5×10^{-3}m（@293K）[56]。因为平均自由程与压力成反比，即便在1000Pa下也是比非制冷IRFPA像素的红外线吸收层和基板的距离（2.5μm）大，所以在像素内部，只要压力在1000Pa以下，即可呈现分子流的特性。分子流区域的平行平板间的热传递量P_{GAS}可通过下式求得[56]：

$$P_{\mathrm{GAS}}=a\cdot\Lambda_0\cdot p\sqrt{\frac{273.2}{T_{\mathrm{g}}}}\cdot(T_1-T_2)\cdot A_{\mathrm{d}} \tag{3.44}$$

其中，p为压力；T_g为气体温度；T_1和T_2为平板的温度（$T_1>T_2$）；Λ_0是气体温度273.2K下的自由分子热导率（free molecular heat conductivity），氮气为1.296W/m^2·K·Pa[56]；a为适应系数，表示两个平板平面和气体分子间的能量传递效率，下面探讨时看作1。

采用式（3.44）计算50μm×50μm的红外线吸收层和基板间的热传递量得出的结果如图3.12所示。气体温度为273.2K。在分子流区域，平板间的距离即便改变，热传递量也不变，所以图中的纵轴采用了可以比较热导的指标，即平板间温度为1K时的热传递量（power transfer per 1K temperature difference）。根据该结果，假设支架的热导在10^{-7}W/K以下，为了确保通过封装内气体的热传递不对非制冷IRFPA产生影响，就需要高于1Pa的真空度。

5. 辐射的影响

探测器与外围的温差非常小，若红外线吸收层的辐射率为1，则辐射可以看作是具有由式（3.33）求得的G_{RAD}的热传递。探测器温度为300K时，G_{RAD}的像素面积依赖性如图3.13所示。在非制冷IRFPA的像素中，多采用基板面带有反射

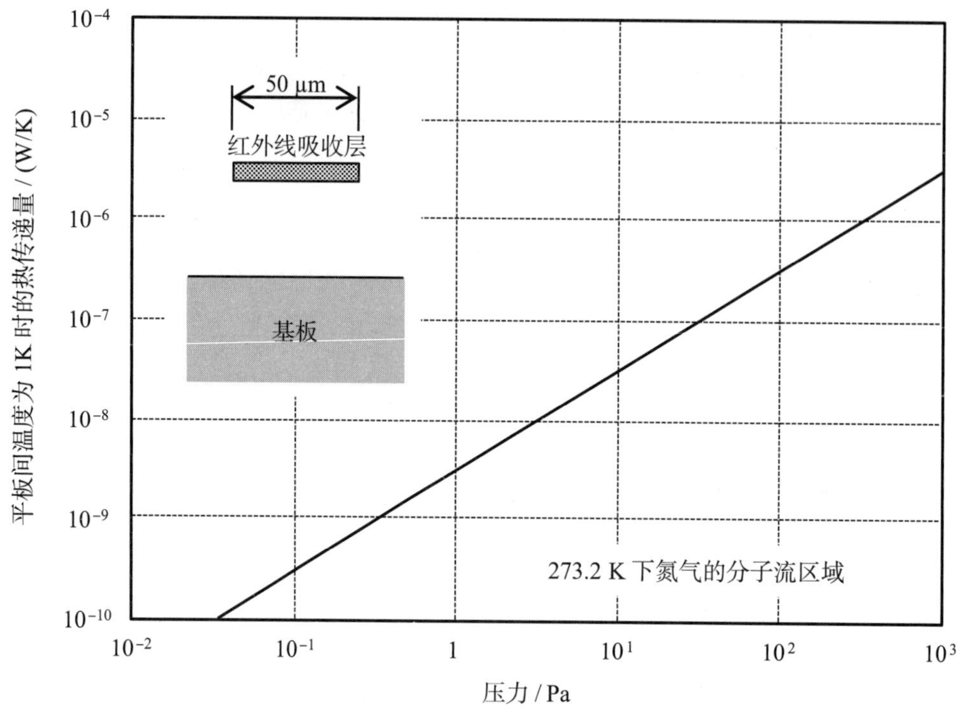

图 3.12　氮气的分子流区域中的热传递量

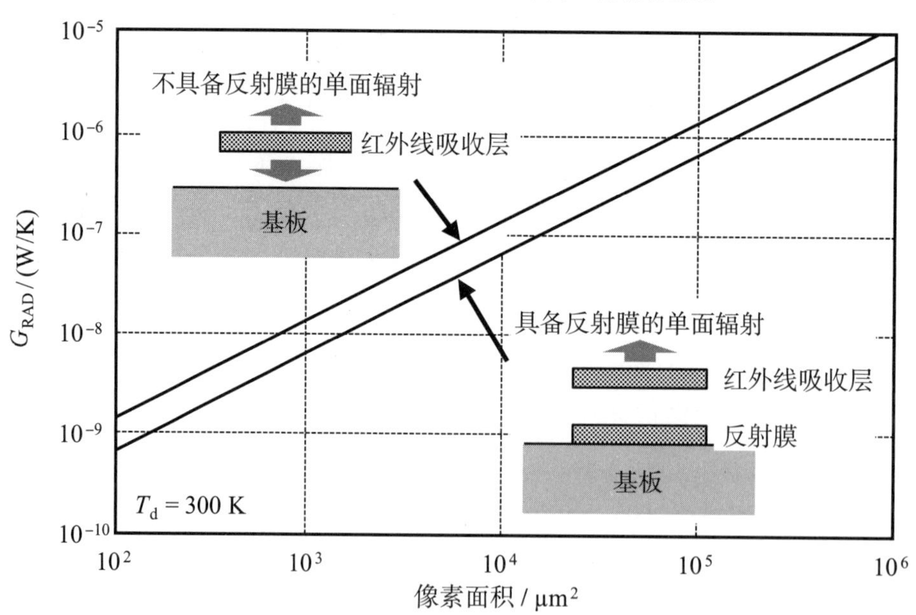

图3.13　G_{RAD}的像素面积依赖性

膜的结构，这样有助于仅红外线吸收层上面因辐射产生热传递。另一方面，不具备反射膜的像素中，需要考虑红外线吸收层上下两面的辐射。图3.14呈现了两种情况下（单面辐射和双面辐射）G_{RAD}的像素面积依赖性。

图3.14体现了真空封存的非制冷IRFPA的像素的总热导和支架的热导的关系。在此，我们假设像素是具有反射膜的结构，只考虑单面辐射。逐渐降低支架的热导时，总热导由式（3.35）的值决定。

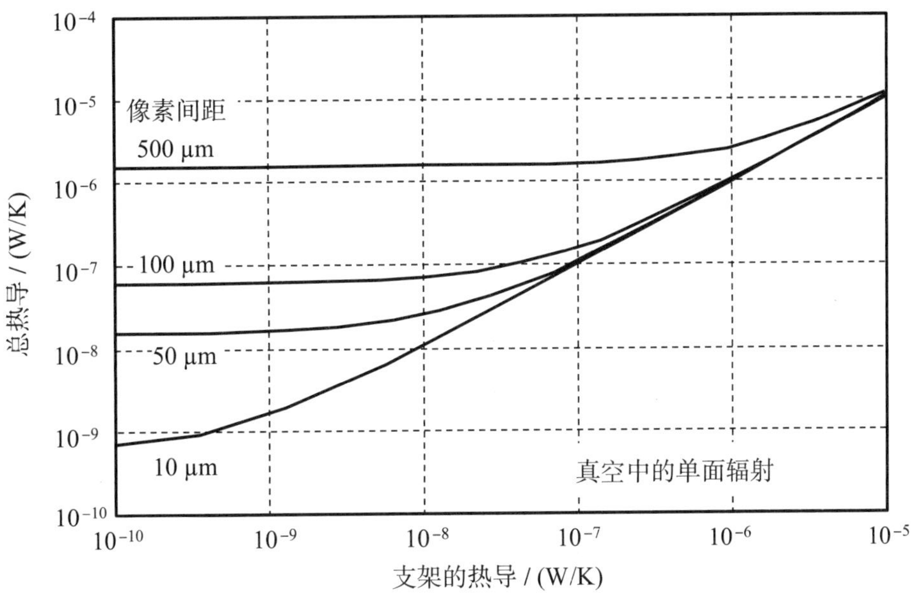

图3.14 真空中的总热导和支架的热导的关系

3.5.4 红外线吸收

1. 一般的红外线吸收结构

到目前为止，我们都是在红外线吸收层的吸收率为1，射入的红外线被100%吸收的条件下进行探讨的。但是，红外线的吸收率具有波长依赖性，而波长依赖性是由吸收层的结构和采用的材料决定的。因此，在设计非制冷IRFPA时，需要考虑吸收率的波长依赖性。假设用于红外成像的波段为$\lambda_1 \sim \lambda_2$，则考虑了吸收率η（λ）的黑体温度响应度R_{TBB}为：

$$R_{\mathrm{TBB}} = R_{\mathrm{TM}} \cdot \frac{1}{G_{\mathrm{T}}} \cdot \frac{A_{\mathrm{d}}}{4 \cdot F^2} \cdot \frac{\partial}{\partial T} \int_{\lambda_1}^{\lambda_2} \eta(\lambda) \cdot \frac{c_1}{\lambda^5} \frac{1}{\exp\left(\frac{c_2}{\lambda \cdot T}\right) - 1} \mathrm{d}\lambda \tag{3.45}$$

$NETD$为：

$$NETD = \frac{4 \cdot F^2 \cdot G_{\mathrm{T}} \cdot V_{\mathrm{NT}}}{R_{\mathrm{TM}} \cdot A_{\mathrm{d}} \cdot \frac{\partial}{\partial T} \int_{\lambda_1}^{\lambda_2} \eta(\lambda) \cdot \frac{c_1}{\lambda^5} \frac{1}{\exp\left(\frac{c_2}{\lambda \cdot T}\right) - 1} \mathrm{d}\lambda} \tag{3.46}$$

其中，R_{TM}是温度传感器的电压响应度（探测器温度发生1K变化时得到的输出电压的变化量）。下面就用于非制冷IRFPA的具有代表性的红外线吸收结构进行讨论。

具有189Ω/□的薄层电阻的金属膜，在单路径下会吸收50%的红外线，可以用作热型红外探测器的红外线吸收膜[57]。但是，在非制冷IRFPA中，采用的是1/4波长干涉吸收结构（interferometric absorbing structure）[57]，它比采用金属薄膜的红外线吸收结构能更好地吸收红外线。干涉吸收结构是由金属反射膜、薄层电阻为377Ω/□金属薄膜吸收层及两者间的绝缘层组成的（参照图3.15）。绝缘层的厚度设定为光学长度要吸收的波长的1/4。通常，在非制冷IRFPA的1/4波长干涉吸收结构中，作为绝缘层的真空区域，反射膜采用的是半导体中接线材料金属中常见的铝。

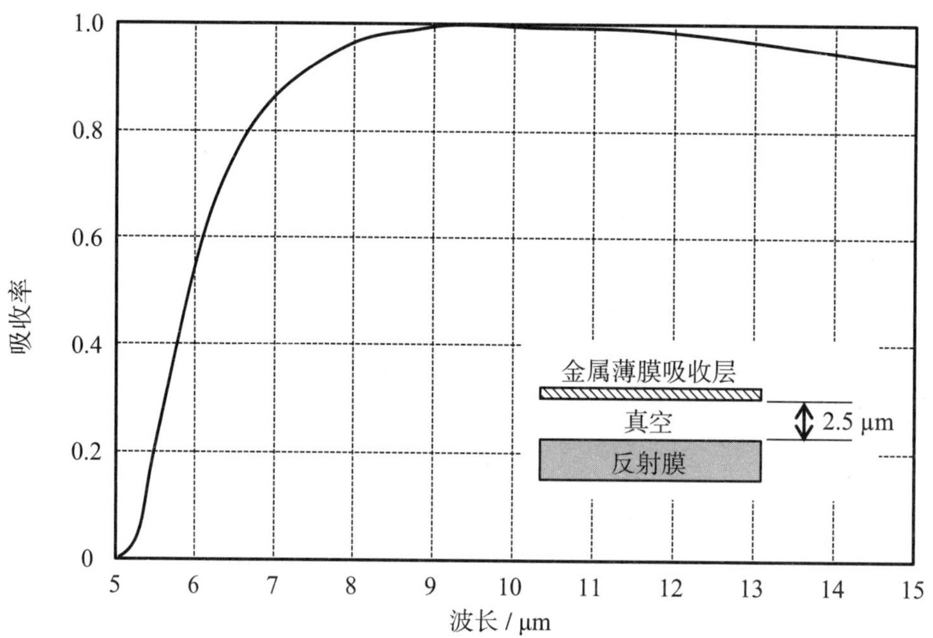

图3.15　1/4波长干涉吸收结构的吸收率

假设反射膜的反射率为1，绝缘层为真空的，反射膜和吸收层的距离为d_{gap}，则1/4波长干涉吸收结构的光谱吸收率η（λ）可用下式求得[57]：

$$\eta(\lambda)=\frac{4}{4+\cot^2\left(\dfrac{2\cdot\pi\cdot d_{\text{gap}}}{\lambda}\right)} \tag{3.47}$$

图3.15是当d = 2.5μm时1/4波长干涉吸收结构的红外线吸收特性的计算示例。从该结果可以知道，通过采用1/4波长干涉吸收结构，在宽波段内可以获得高吸收率。

所需的金属薄膜吸收层的膜厚薄得只有几nm，将薄层电阻调整到377Ω/□虽然有难度，但如图3.16所示，即便吸收膜的薄层电阻有些许偏差也可以得到充分的吸收率。图3.16是在8 ~ 13μm的波长范围内的有效吸收率的金属吸收膜的薄层电阻依赖性的计算结果[57]。该计算中，反射膜的薄层电阻为10Ω/□。

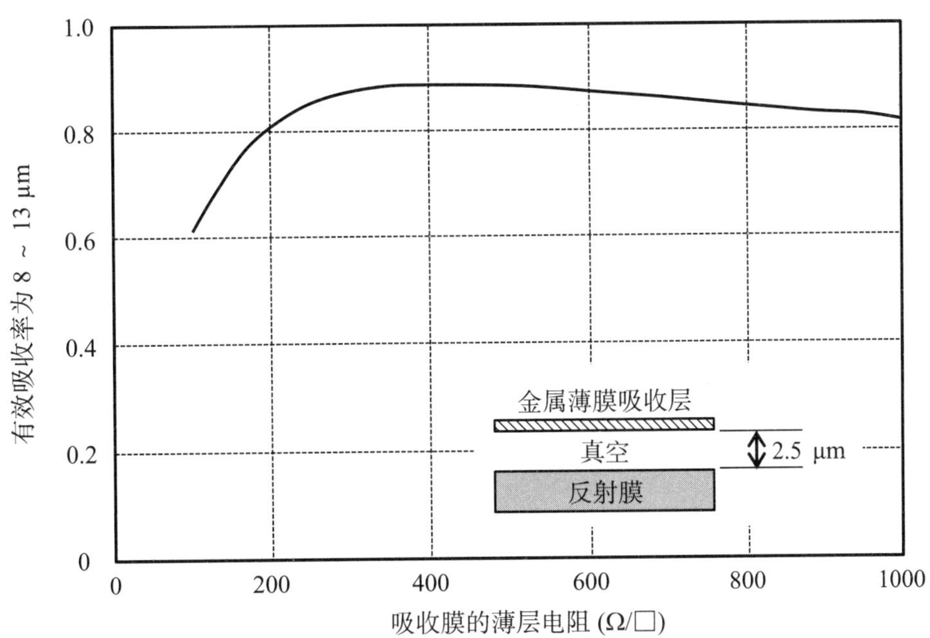

图3.16　1/4波长干涉吸收结构的有效吸收率的金属吸收膜的薄层电阻依赖性

金等金属在10^2Pa以上的低真空条件下进行蒸镀，可以形成一种称为金黑的多孔性薄膜。金黑是一种在宽波段内具有高红外线吸收率的薄膜，被广泛用于单像素的热型红外探测器。图3.17展示了为非制冷IRFPA而开发的金黑红外线吸收层的吸收率的波长依赖性[58]。图中插入的是金黑层的结构的电子显微镜照片，这种红外线吸收膜是将光锁在多孔性构造中，在宽波段内实现高吸收率，决定可以获得有效吸收的粒径的波长。也有通过将几种不同粒径的金黑一体成膜的技术，在宽波段内实现接近100%的吸收率[59]。

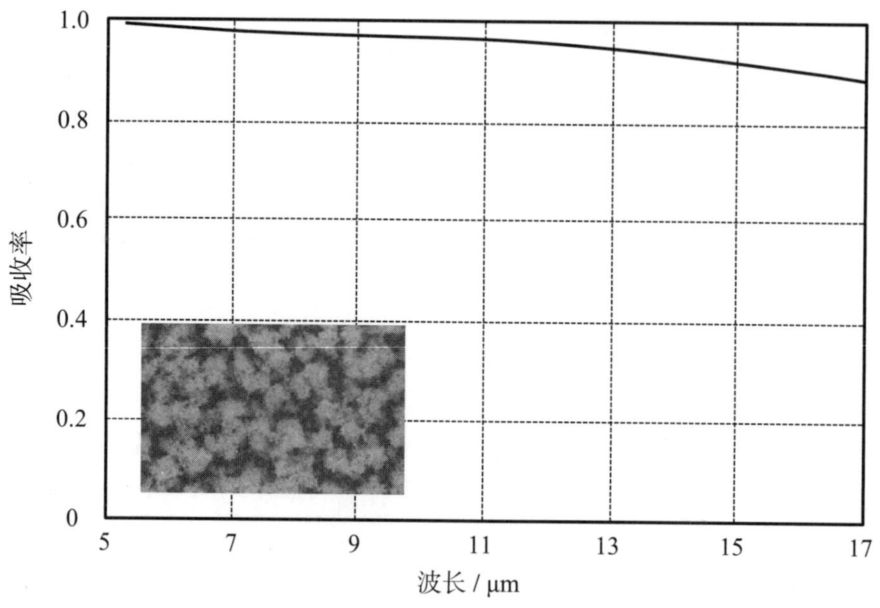

图3.17　金黑红外线吸收特性

Si LSI工艺中使用的绝缘膜——SiO_2及SiN，在LWIR波段内因分子振动会产生吸收，所以可以用作红外线吸收膜。因为绝缘膜无法在宽波段中获得高吸收率，所以绝缘膜红外线吸收层不能说是最佳的选择，但是其与Si LSI工艺的兼容性在制造方面有很大优势。图3.18展示了在半导体工艺中成膜的SiO_2及SiN的红外线吸收特性。该特性是用傅里叶变换红外光谱仪（Fourier transform infrared spectrometer）评价在光滑的铝反射膜上形成的SiO_2及SiN的薄膜而得到的，测量

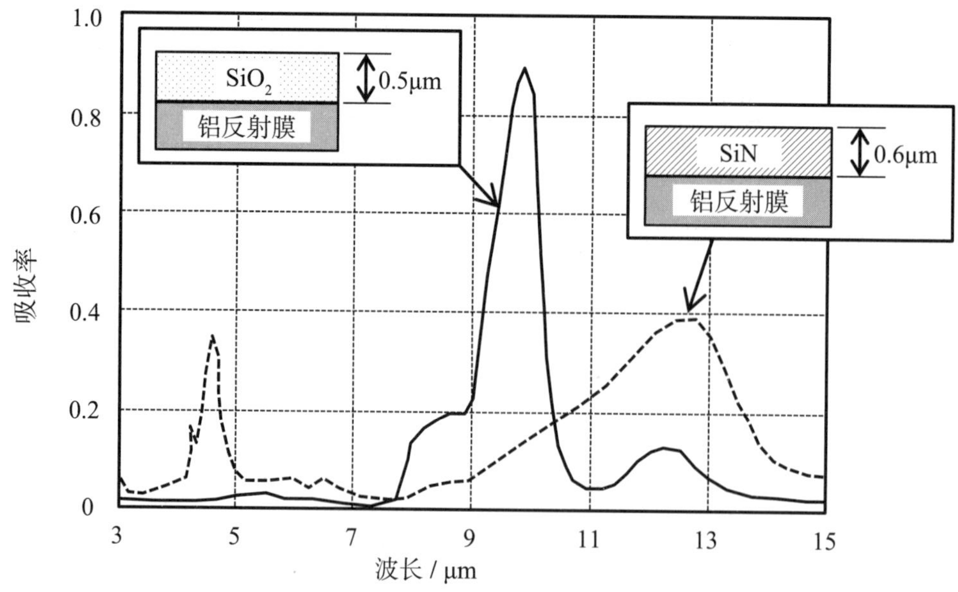

图3.18　SiO_2和SiN的红外线吸收特性

反射率，将（1-反射率）作为吸收率，该吸收率是两次通过图中所示膜厚的绝缘膜的双程吸收率。图3.19呈现了用相同方法评价的SiO_2的吸收率的膜厚依赖性。

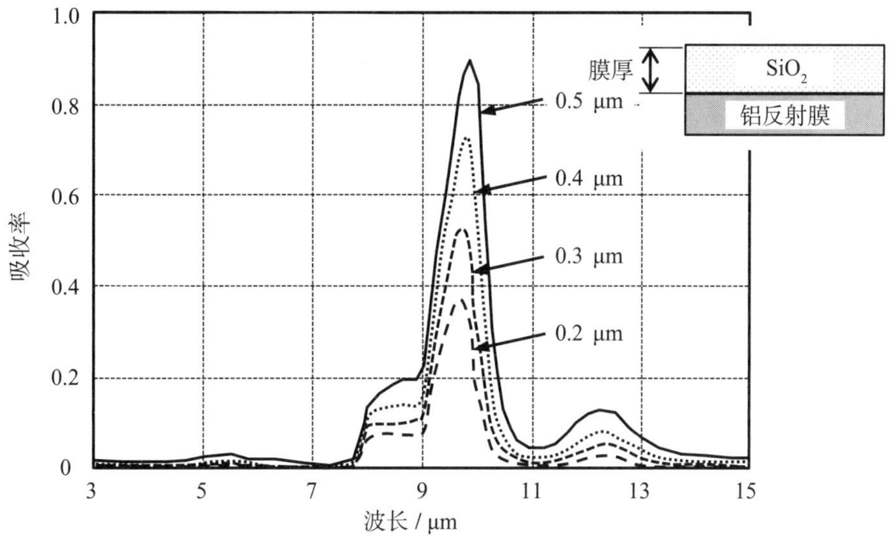

图3.19 SiO_2的吸收率的膜厚依赖性

Lenggenhanger等报告了在CMOS LSI制造工艺中使用氮化硅和氮化硅+氧化硅的红外线吸收特性[60, 61]，图3.20展示了其评价结果。

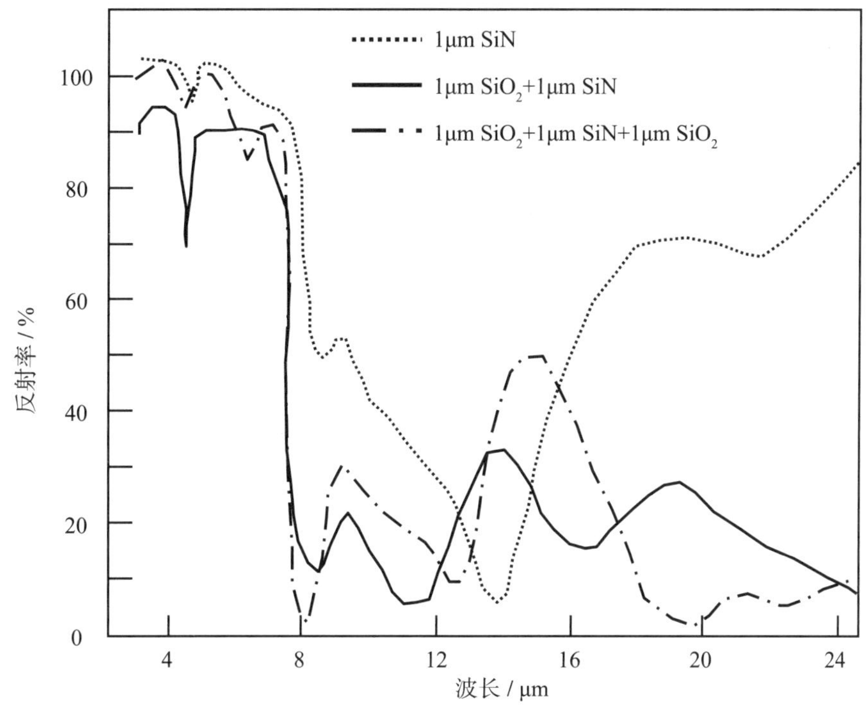

图3.20 SiN和SiN+SiO_2的红外线吸收特性

2. 波长选择红外线吸收结构

前一节介绍的红外线吸收结构是为了吸收宽波段红外线。在采用比较性波长依赖性大的绝缘膜的结构中，因为吸收波长是由材料决定的，所以无法自由调整波长选择性。最近，可以看到通过红外线吸收层的设计来控制吸收波长，将不同探测波长的像素集成于一个非制冷IRFPA，从而在红外线领域实现多波长成像的试验[62~65]。图3.21呈现了多波长IRFPA的构想。

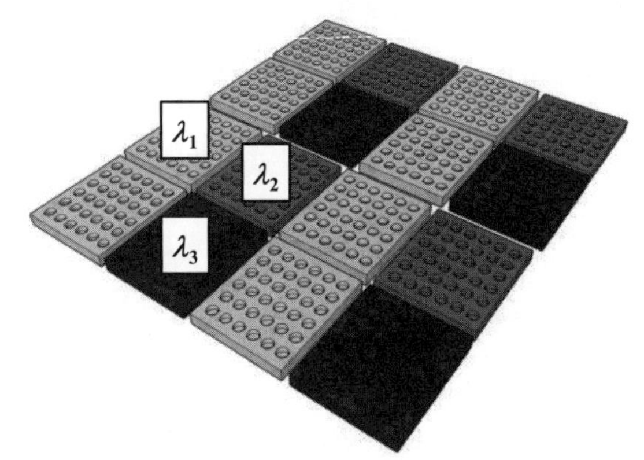

图3.21　不同探测波长的像素集成于一个芯片的多波长IRFPA

图3.22是具有等离子体红外线吸收层（plasmonics infrared absorber）的非制冷IRFPA的像素示例[64]。图3.22的左边是热电堆方式的像素的平面结构照片，右上方是受光部位的放大图，右下方是结构的详细图。受光部位被Au薄膜覆盖，在平坦的结构中不吸收红外线，形成一定周期的孔结构，能够选择性吸收与孔节距相同波长的红外线。

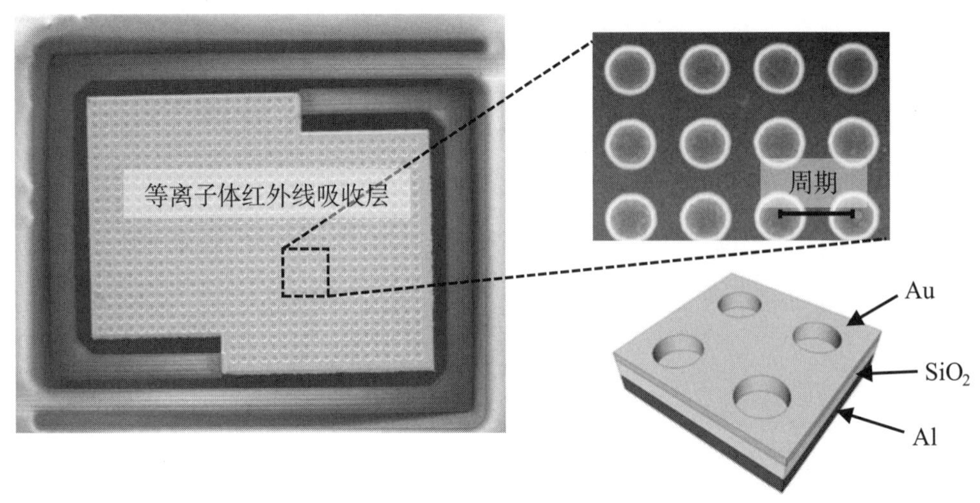

图3.22　具有等离子体红外线吸收层的像素

图3.23展示了图3.22的像素下改变孔的周期时的光谱响应特性的变化。像素尺寸为300μm × 200μm，热电堆材料有P型多晶硅和N型多晶硅。

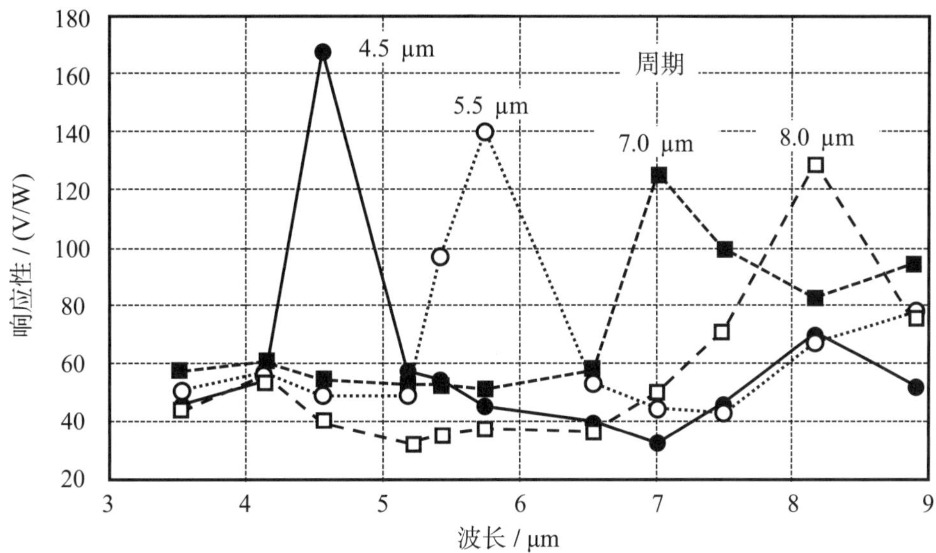

图3.23　具有等离子体波长选择红外线吸收层的热电堆探测器的光谱响应特性

图3.24为相同像素的孔周期和峰值波长的关系图[64]。

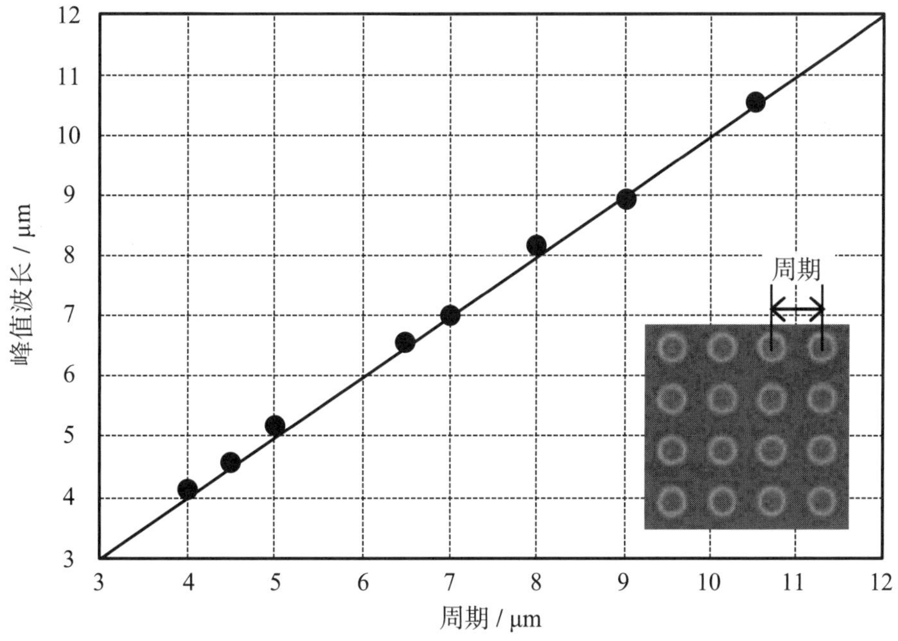

图3.24　具有等离子体波长选择红外线吸收层的热电堆探测器的峰值波长和孔周期的依赖性

由图3.23和图3.24可知，等离子体红外线吸收体的光谱响应特性可以通过孔节距控制，峰值波长与孔节距一致。

采用图3.23的红外线吸收结构，在通常的非制冷IRFPA的工艺中，只要添加一道光刻法用的掩模工序，就可以制备具有各像素不同的光谱响应特性的多波长非制冷IRFPA。

3.6 理论极限

3.6.1 像素间距

图3.25是将纵轴作为对数轴，展示了图2.3中最先进的非制冷IRFPA像素尺寸的变迁。如图所示，自1992年VOx电阻测辐射热计非制冷IRFPA[15]发布以来，像素间距的缩小在稳步推进着。现在，像素间距由17μm正在向12μm迈进，甚至于10μm的像素也已发布[28]，在本节中，我们将讨论像素间距缩小会发展到哪种程度。

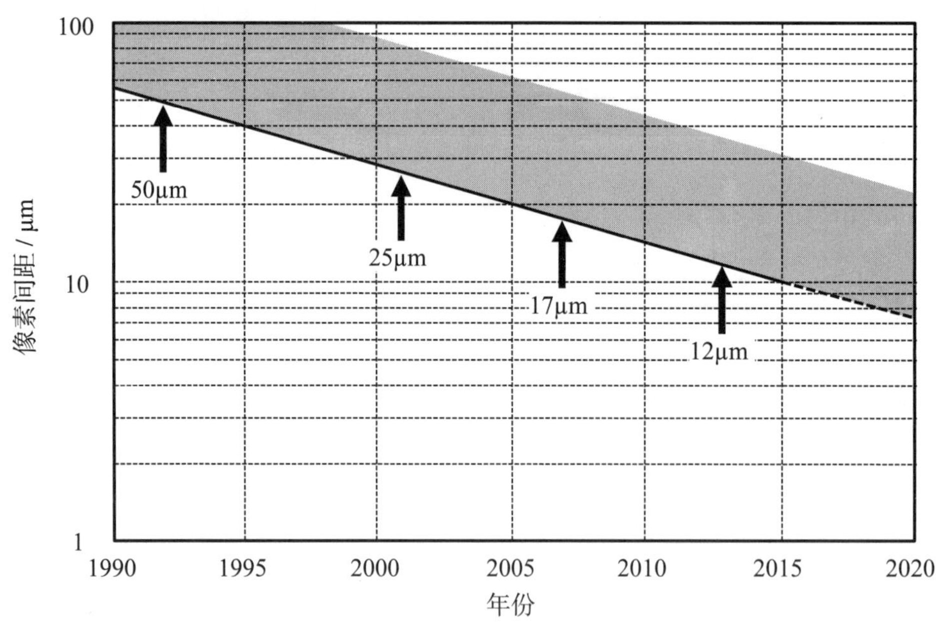

图3.25　非制冷IRFPA的像素间距缩小的演变

即便采用无像差的理想光学系统，点光源的像的宽度也由衍射决定。这种衍射现象是决定像素间距缩小极限的重要因素。通过无像差的理想光学系统，结像于摄像面上的点光源的像的光强度呈同心圆状的明暗环形图案，其中以第一暗环为界限的中央明亮区域称为艾里斑（airy disk）。艾里斑的直径r_a由光学系统的

F值和波长决定[2]：

$$r_a = 2.44 \cdot F \cdot \lambda \tag{3.48}$$

图3.26是波长为10μm，F值为1时的点光源的衍射图案和像素间距的大小关系图。可以看出，在波长为10μm，F值为1的条件下，像素间距小于17μm时接收艾里斑内的光会变得困难。

图3.26 点光源的衍射图案和像素间距的关系（波长10μm、F值为1时）

图3.27是改变2个点光源间距离时衍射图像重叠的示意图，纵轴为光强度，横轴为位置，上方显示的灰度图表示的是在像面上二维的光的扩散。右侧的图是像面上的点光源间距离为波长与F值乘积的2.44倍（距离等于艾里斑直径）时的状态，这种情况下，明处与暗处的对比与光源间距离大于该值时相同，在明处与暗处分配像素时得到具有充分对比的图像；中间的图是缩小点光源间距离，距离为波长与F值乘积的1.22倍（距离等于艾里斑的半径）时的状态，这种情况下，2个点光源的艾里斑产生重叠，重叠部分的光量变大（暗处部分会变亮），此时在明处与暗处分配像素，可以看出有两个光源，但明处与暗处的对比会变弱；进一步缩小点光源间距离，如左图所示，距离为波长与F值乘积的0.61倍（距离等于艾里斑半径的一半）时，无法从得到的像分解出两个点光源，只能看到一个点光源的像，$0.61F\lambda$称为瑞利分辨率。这里讲解的瑞利分辨率，有助于直观理解像素间距缩小极限。

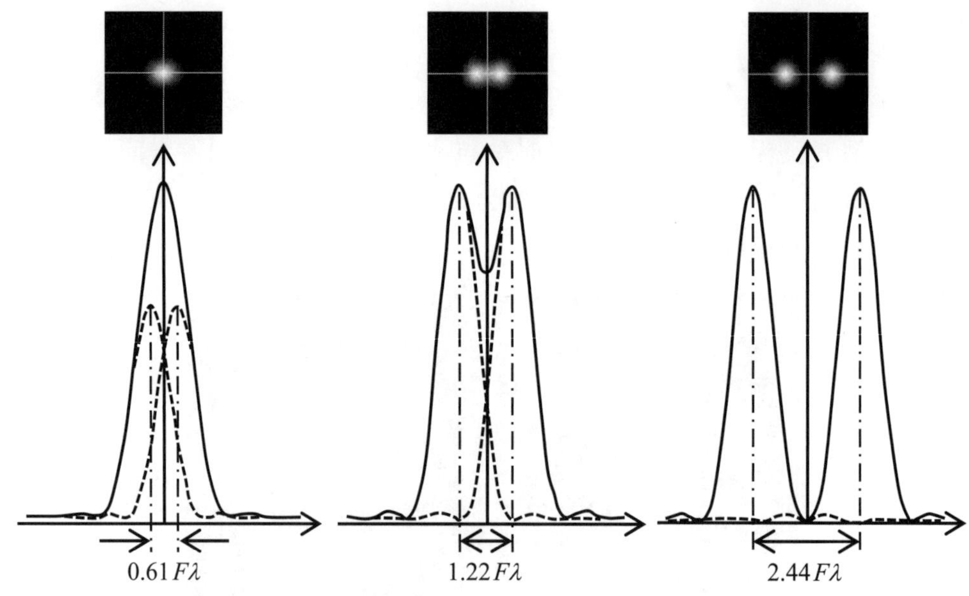

图3.27　改变2个点光源间距离时衍射图像重叠的示意图

要想更严谨地讨论图像传感器的分辨率，需要使用调制传递函数（modulation transfer function，MTF）。图3.28是考虑了光学系统的衍射且采用了理想探测器的情况下的MTF的计算结果[66]。该示例中，F值为1，波长为10μm。横轴是通过像素间距标准化的摄像对象的空间频率，0.5是奈奎斯特频率。奈奎斯特频率是将2像素作为1个周期的空间频率。当波长为10μm，F值为1时，像素间距为5μm，在奈奎斯特频率下MTF为0，所以此时的像素间距为最小像素间距。

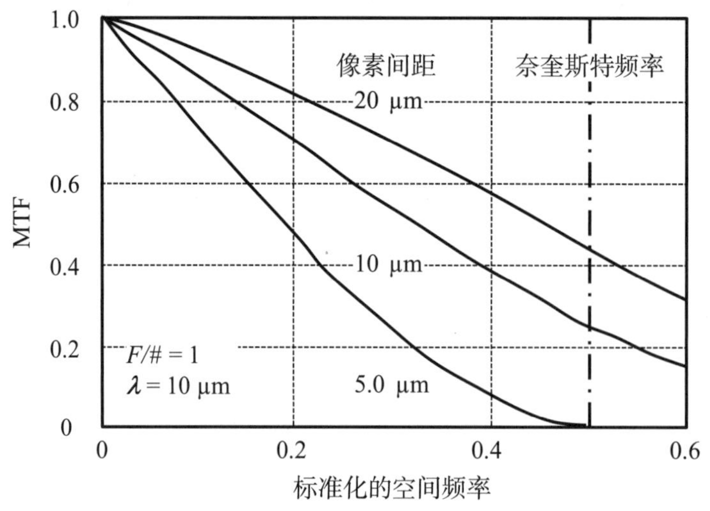

图3.28　MTF的像素间距依赖性（波长10μm、F值为1时）

现在，主流的像素间距为17μm，正在向12μm迈进。考虑到衍射现象，像素间距的极限为5μm，可以预想今后像素间距的缩小仍可进化1 ~ 2代。此外，也有观点认为超过衍射极限的像素间距过采样有一定的意义[28]，因此也进行了小于5μm的像素间距的技术开发研讨。

3.6.2 *NETD*

在此，将根据参考文献［4］讨论非制冷IRFPA的*NETD*的极限。在热型红外探测器中，除了电气噪声外，还有探测器与周围环境进行热交换引起的温度噪声，热交换的扰动决定了非制冷IRFPA的性能极限。

探测器温度与周围温度相等时，全频带积分的热型红外探测器温度的均方根波动值$\overline{\Delta T_{\mathrm{d}}{}^2}$可通过下式求得[4]：

$$\overline{\Delta T_{\mathrm{d}}{}^2} = \frac{k \cdot T_{\mathrm{d}}{}^2}{C_{\mathrm{hm}}} \tag{3.49}$$

其中，C_{hm}是热容量的调和平均数。在我们讨论的这个系统中，C_{hm}可以看作探测器的热容量。

假设与周围环境进行热交换的扰动没有频率依赖性，式（3.36）的热平衡公式成立，则

$$\overline{\Delta P_{\mathrm{F}}{}^2} = 4 \cdot k \cdot T_{\mathrm{d}}{}^2 \cdot G_{\mathrm{T}} \cdot B \tag{3.50}$$

其中，$\overline{\Delta P_{\mathrm{F}}{}^2}$是单位时间内热交换的热功率的均方根波动值。$\overline{\Delta P_{\mathrm{F}}{}^2}$的平方根是NEP的理论极限值$P_{\mathrm{NTL}}$[4]，即

$$P_{\mathrm{NTL}} = \sqrt{\overline{\Delta P_{\mathrm{F}}{}^2}} \tag{3.51}$$

根据D^*的定义，由NEP的理论极限值求得温度噪声极限的比探测率D^*_{TF}[4]：

$$D^*_{\mathrm{TF}} = \left(\frac{A_{\mathrm{d}}}{4 \cdot k \cdot T_{\mathrm{d}}{}^2 \cdot G_{\mathrm{T}}} \right)^{1/2} \tag{3.52}$$

D^*与响应度之间存在式（3.28）的关系，通过式（3.24）和式（3.28）消去$R_{\mathrm{v}}/V_{\mathrm{NT}}$，可得温度噪声极限的噪声等效温差$NETD_{\mathrm{TF}}$：

$$NETD_{\mathrm{TF}} = \frac{4 \cdot F^2}{A_{\mathrm{d}} \dfrac{\partial M_{\mathrm{e}}(\lambda_1 - \lambda_2, T)}{\partial T}} \cdot \frac{(A_{\mathrm{d}} \cdot B)^{1/2}}{D^*_{\mathrm{TF}}} \tag{3.53}$$

将式（3.52）代入式（3.53），得到[4]

$$NETD_{\mathrm{TF}}=\frac{8\cdot F^{2}\cdot T_{\mathrm{d}}\cdot(k\cdot B\cdot G_{\mathrm{T}})^{1/2}}{A_{\mathrm{d}}\cdot\dfrac{\partial M_{\mathrm{e}}(\lambda_{1}-\lambda_{2},T)}{\partial T}} \tag{3.54}$$

G_{T}是G_{SUP}、G_{GAS}、G_{RAD}之和，但由MEMS技术制备的真空封装的非制冷IRFPA的主要成分通常是G_{SUP}。

逐渐减少支架的热导，当G_{SUP}小于辐射的G_{RAD}时，热交换的扰动将由辐射决定，这种状态称为背景噪声极限。将式（3.33）代入式（3.52），背景噪声极限的比探测率$D^{*}{}_{\mathrm{BF}}$为：

$$D^{*}{}_{\mathrm{BF}}=\left(\frac{1}{16\cdot k\cdot\sigma_{\mathrm{SB}}\cdot T_{\mathrm{d}}{}^{5}}\right)^{1/2} \tag{3.55}$$

背景噪声极限的噪声等效温差$NETD_{\mathrm{BF}}$为[4]：

$$NETD_{\mathrm{BF}}=\frac{16\cdot F^{2}\cdot(k\cdot\sigma_{\mathrm{SB}}\cdot B\cdot T_{\mathrm{d}}{}^{5})^{1/2}}{A_{\mathrm{d}}{}^{1/2}\cdot\dfrac{\partial M_{\mathrm{e}}(\lambda_{1}-\lambda_{2},T)}{\partial T}} \tag{3.56}$$

式（3.55）和式（3.56）的前提条件是探测器和周围温度相同。两者温度不同时，背景噪声极限比探测率$D^{*}{}_{\mathrm{BF}}$为：

$$D^{*}{}_{\mathrm{BF}}=\left[\frac{1}{8k\sigma_{\mathrm{SB}}(T_{\mathrm{d}}{}^{5}+T_{\mathrm{s}}{}^{5})}\right]^{1/2} \tag{3.57}$$

背景噪声极限的噪声等效温差$NETD_{\mathrm{BF}}$为[4]：

$$NETD_{\mathrm{BF}}=\frac{8\cdot F^{2}\cdot[2\cdot k\cdot\sigma_{\mathrm{SB}}\cdot B\cdot(T_{\mathrm{d}}{}^{5}+T_{\mathrm{s}}{}^{5})]^{1/2}}{A_{\mathrm{d}}{}^{1/2}\cdot\dfrac{\partial M_{\mathrm{e}}(\lambda_{1}-\lambda_{2},T)}{\partial T}} \tag{3.58}$$

图3.29展示了采用式（3.54）和式（3.56）计算得到的非制冷IRFPA的温度噪声极限和背景噪声极限的热导及像素间距依赖性。该特性是采用图中所示的设计参数计算出来的。该图的横轴是支架的热导，图中显示了各个像素间距时期的最低$NETD$，高于该图的$NETD$的性能是可实现的。准确来说，从温度噪声极限向背景噪声极限过渡的范围内，两者的特性应该呈平滑曲线相连的形状，而图3.29中为了明确各自的范围，是将两者的特性以直线延长而成的。

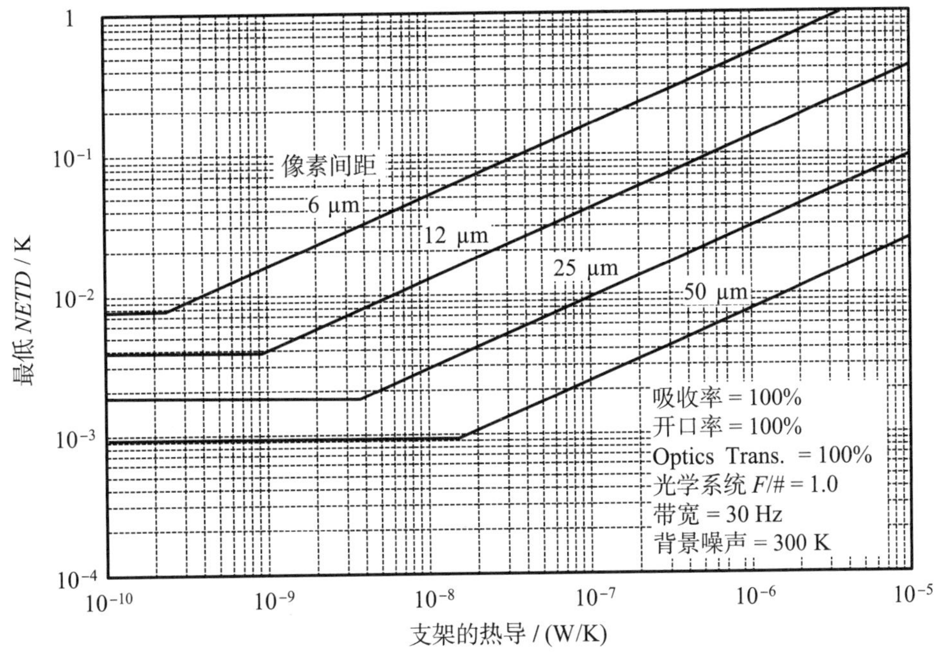

图3.29 非制冷IRFPA的*NETD*的理论极限

在支架的热导较大的范围中，*NETD*的极限与热导的平方根成正比减少；在由辐射引起的扰动占主导地位的范围中，*NETD*的理论极限为一定值。*NETD*的理论界限值随着像素间距的缩小而增大，由辐射引起的扰动占主导地位的范围中也是向左移的。图3.29所示的极限考虑了受光部位的热交换引起的扰动，实际还要附加上温度传感器产生的噪声。目前为止开发的非制冷IRFPA的*NETD*，即便像素间距缩小也维持在50mK（@F/1），可以看出，随着像素间距的缩小，理论极限值与实际的性能之差（余量）变得越来越严格。

第4章
铁电IRFPA

4.1 铁电红外探测器的动作

图4.1显示了铁电体材料的自发极化P_S和介电常数ε的典型的温度依赖性[1]。自发极化随着温度的上升而缩小，达到居里温度T_C时消失。热释电系数p_{pyro}是相对于温度的自发极化的变化率，定义为

$$p_{pyro} = \frac{\partial P_S}{\partial T} \tag{4.1}$$

由图4.1(a)可知，热释电系数随着温度的上升而变大。

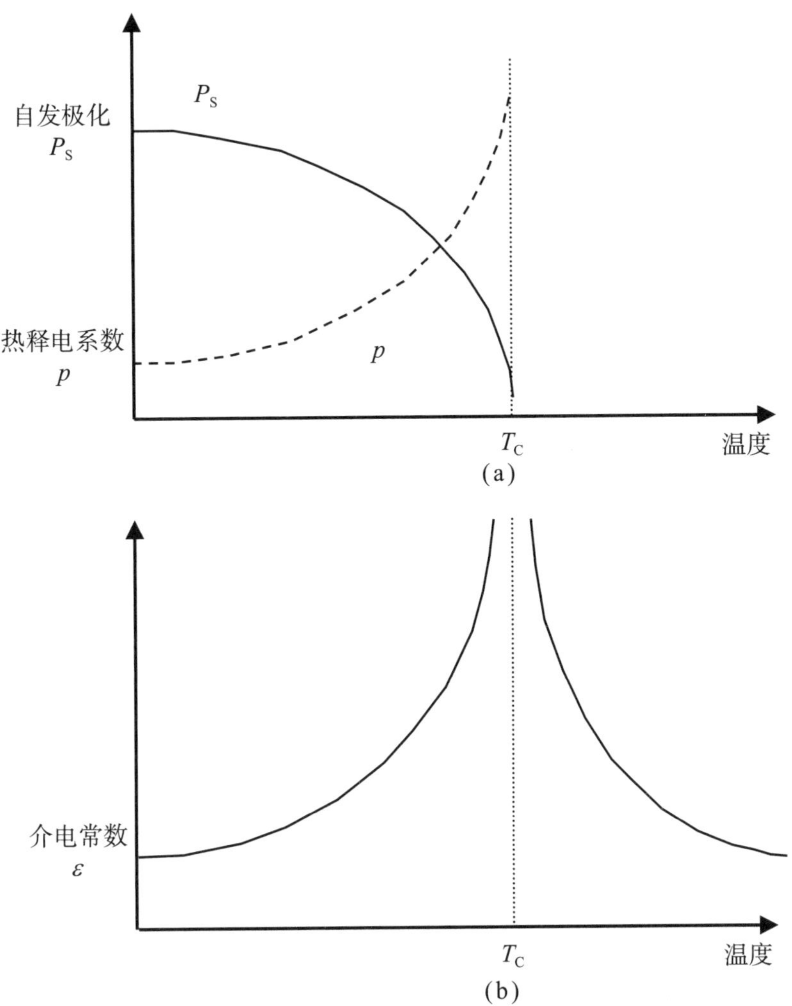

图4.1 铁电体的自发极化和介电常数的温度依赖性

热释电红外探测器是利用了自发极化的温度依赖性，在无外部偏压的情况下动作的。热释电系数大的铁电体的响应度高。根据这种观点，热释电红外探测器

在尽可能接近居里温度的温度下动作是较为理想的，但是高温下介电损耗增大会导致性能劣化，所以一般是在明显低于居里温度的温度下动作的。

介质辐射热计红外探测器是一种同时利用了自发极化的温度依赖性和位于居里温度附近的介电常数的温度依赖性的探测器，需要将动作温度控制在居里温度附近让其动作。在这种模式下动作的探测器，可以通过施加偏压增大有效的热释电系数。在电场中增大的有效的热释电系数p_{FE}为[14]：

$$p_{FE} = p_{pyro} + \int_0^E \frac{\partial \varepsilon}{\partial T} dE \tag{4.2}$$

其中，E是施加的电场的强度。

我们考虑将铁电体材料作为绝缘体使用的电容器。产生ΔT_d的温度变化时，信号电流I_S流入连接电容器的外部电路。I_S为：

$$I_S = p_{pyro} \cdot A_d \cdot \frac{d(\Delta T_d)}{dt} \tag{4.3}$$

使用式（3.38）求得信号电流的有效值I_{Srms}[3]：

$$I_{Srms} = \frac{p_{pyro} \cdot \omega \cdot A_d \cdot \Delta P_0}{\sqrt{2} \cdot G_T \cdot (1+\omega^2 \cdot \tau_T{}^2)^{1/2}} \tag{4.4}$$

将铁电体材料用作绝缘体的电容器，其损耗电阻为[3]

$$R_{loss} = \frac{1}{\omega \cdot C_E \cdot \tan\delta} \tag{4.5}$$

其中，C_E为器件的电容，$\tan\delta$为损耗角正切（loss tangent），δ为损耗角（loss angle）。如果连接铁电红外探测器的放大器的输入电阻为R_a，信号电流流入R_a和R_{loss}的并联电路，则并联电阻R_p为：

$$R_p = \frac{R_a \cdot R_{loss}}{R_a + R_{loss}} \tag{4.6}$$

因此，输出电压的有效值为V_{Srms}[3]：

$$V_{Srms} = \frac{I_{Srms} \cdot R_p}{(1+\omega^2 \cdot \tau_E{}^2)^{1/2}} = \frac{p_{pyro} \cdot \omega \cdot A_d \cdot \Delta P_0 \cdot R_P}{\sqrt{2} \cdot G_T \cdot (1+\omega^2 \cdot \tau_E{}^2)^{1/2} \cdot (1+\omega^2 \cdot \tau_T{}^2)^{1/2}} \tag{4.7}$$

其中，τ为电气时间常数，定义为[3]

$$\tau_E = R_p \cdot C_E \tag{4.8}$$

根据式（4.8），铁电红外探测器的电压响应度R_v为[3]：

$$R_v = \frac{p_{pyro} \cdot \omega \cdot A_d \cdot R_p}{\sqrt{2} \cdot G_T \cdot (1+\omega^2 \cdot \tau_E{}^2)^{1/2} \cdot (1+\omega^2 \cdot \tau_T{}^2)^{1/2}} \tag{4.9}$$

如果$\tau_E > \tau_T$，则在低频域中反映出电气特性，响应度随着频率增大，达到饱和后，在高频域中反映出热特性，随着频率的增大而减小。

铁电红外探测器的噪声V_{NF}是产生损耗电阻的热噪声[3]：

$$V_{NF} = \left(\frac{k \cdot T_d}{\omega \cdot C_E \cdot \tan\delta} \right)^{1/2} \tag{4.10}$$

铁电红外探测器的噪声不是白噪声，对像素电容器和损耗电阻组成的等效电路的响应具有频率依赖性。

4.2 混合铁电IRFPA

混合结构的铁电非制冷IRFPA的开发始于20世纪70年代，耗费了很长时间才使其实用化。1992年，Hanson等凭借245×328像素的混合结构非制冷IRFPA发布了引人注目的成果[14]。他们开发的非制冷IRFPA的像素结构如图4.2所示[14，67~69]，这种器件使用的铁电体是BST陶瓷。

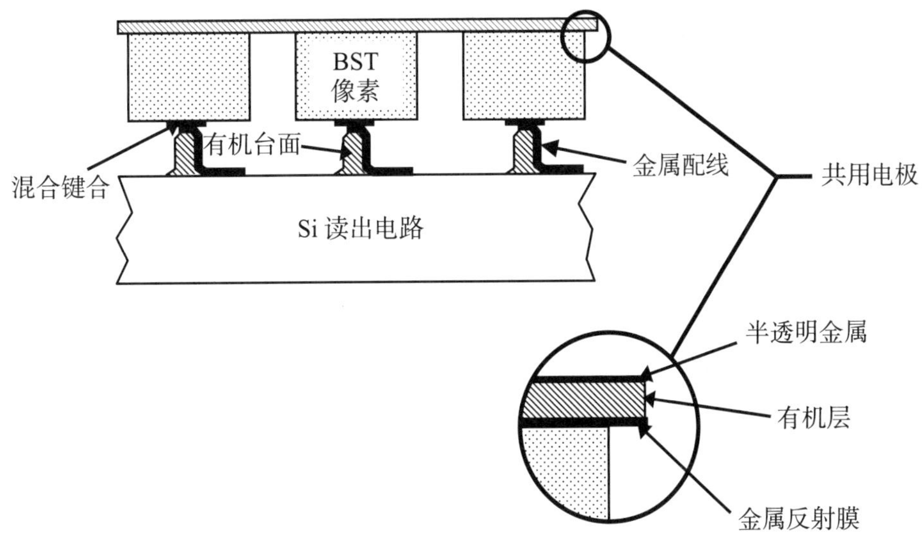

图4.2 采用BST的混合铁电非制冷IRFPA的像素结构

这种像素结构的制作，最初始于激光网格工艺，用激光将BST晶圆像素分离。像素间距为48.5μm，像素间的隔离区宽度为10μm。通过这种像素隔离，像素间的热扩散会变小。在激光网格工艺后，用聚对亚苯基二甲基填补像素间的缝隙，让它变得平坦，形成共用电极。之后，将BST晶圆研磨到25μm厚度，形成混合键合后，去除填补用的聚对亚苯基二甲基。混合键合与有机台面上的薄膜金属配线连接，薄膜金属配线与ROIC连接。红外线吸收是由1/4波长干涉吸收结构（图4.2插入的放大图）进行的。与采用金属凸点的结构相比，采用这种有机台面的混合结构的热导可以变得非常小，能够改善响应度。

图4.3是Hanson等开发的BST的自发极化和相对介电常数的温度依赖性[14]。从该图可以看出，这种BST材料适合用于在接近室温的条件下工作的介质辐射热计。

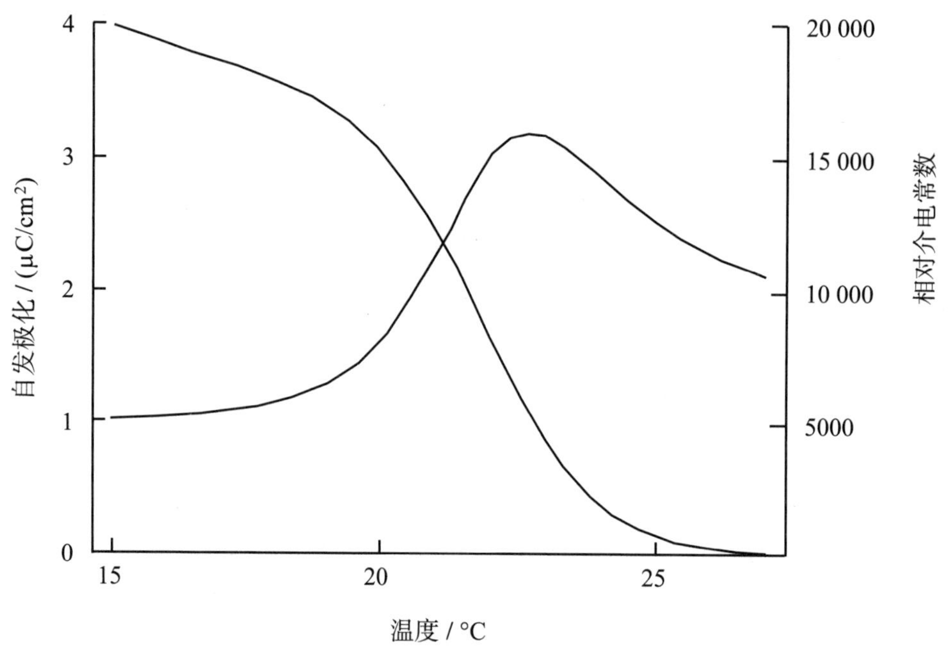

图4.3　BST陶瓷的自发极化和相对介电常数的温度依赖性

图4.4是具有有机台面的混合非制冷IRFPA的像素的电子显微镜照片[69]。

图4.5是这种混合非制冷IRFPA的信号读出电路构成图。像素中集成有高通滤波器、高增益放大器、低通滤波器、缓冲放大器、选择开关。在*F*值为1的光学系统中，这种非制冷IRFPA的*NETD*为80mK[14]。

图4.4　采用BST的混合铁电非制冷IRFPA的电子显微镜照片
（剥开混合键合部分，可以看见ROIC上的结构）

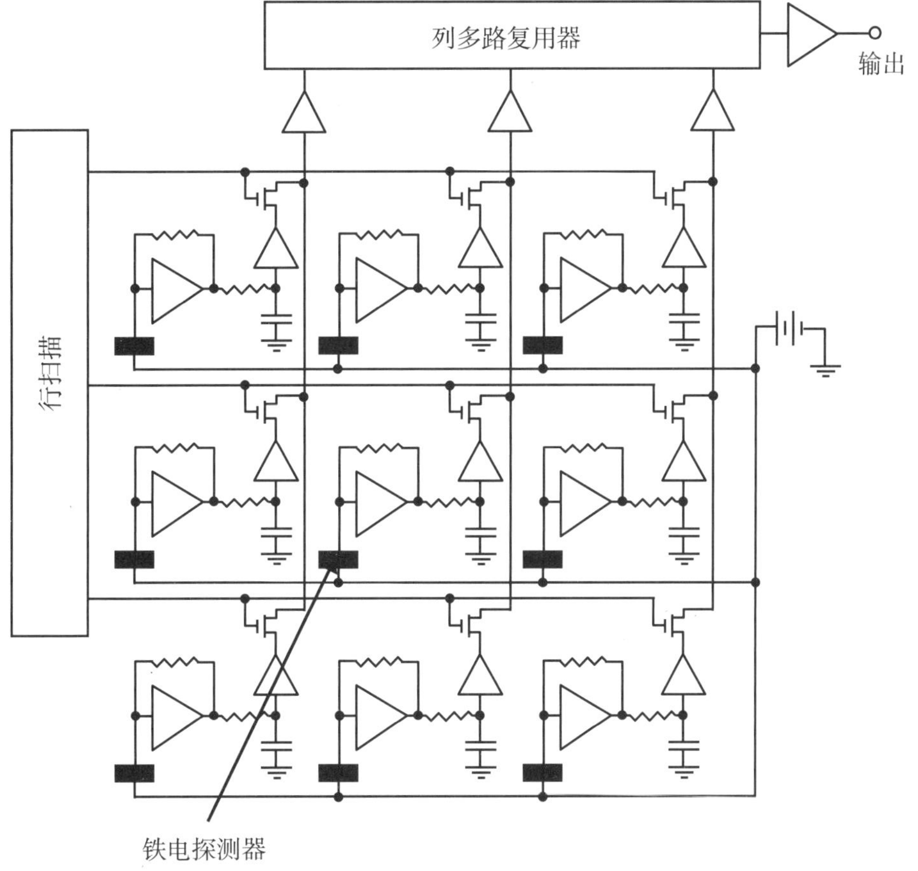

图4.5　铁电非制冷IRFPA的信号读出电路构成

图4.6所示的混合结构是由Watton等开发的，铁电体采用的是PST[70]。与BST非制冷IRFPA相同，铁电体晶圆是用热压的陶瓷块切出来的，研磨到10～15μm厚度。此外，像素间采用激光刻蚀工艺加工出网格。这种结构，在缩小凸点直径的同时，通过热导率低的聚合物层确保绝热性。他们使用这种技术开发出了像素间距为100μm的100×200像素、像素间距为56μm的256×128像素、像素间距为40μm的348×288像素的铁电非制冷IRFPA[71，72]。

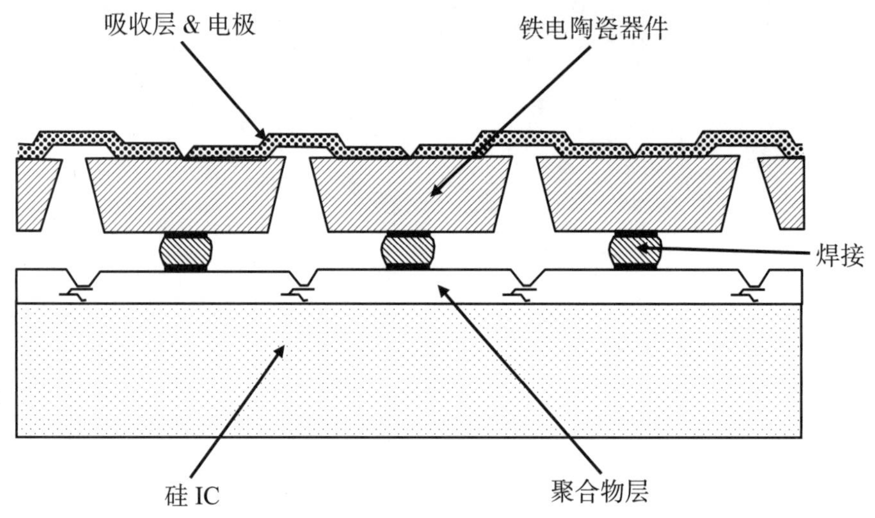

图4.6 使用PST的铁电非制冷IRFPA的像素结构

在这项开发中，研发了3点图像差分处理算法[72]和微扫描斩波技术[71]。3点图像差分处理算法可以消除因像素节点的遗漏导致的输出上升，降低热漂移。微扫描斩波是在斩波片的Ge板上进行IRFPA上图像的微小移动（空间采样位置的移动），从而改善分辨率的一种技术。

4.3 铁电薄膜单片式IRFPA

有机台面将混合结构的热导改善到了4×10^{-6}W/K，在F值为1的光学系统下，$NETD$可以达到100mK以下。这项成果与混合铁电非制冷IRFPA的实用化密切相关，在1990年开拓红外成像的民用市场中发挥了重要作用。但是，即便进一步改善混合结构，也难以实现1×10^{-6}W/K以下的热导[73]，而且在生产性提高及低成本化方面也很困难。

另一方面，与混合BST铁电型非制冷IRFPA同时期发布的，采用MEMS技术制备的电阻测辐射热计型非制冷IRFPA的热导，比混合结构的极限要小10倍以上。而且，电阻测辐射热计型非制冷IRFPA是单片式结构，与混合结构相比，在像素间距缩小、低成本化、量产性方面具有优势。受到电阻测辐射热计型非制冷IRFPA的成功的刺激，薄膜铁电型探测器（TFFE）和集成化介质辐射热计的单片式非制冷IRFPA的开发活跃起来[70，72～79]。与混合方式相比，单片式铁电型非制冷IRFPA不需要铁电体晶圆的加工工序（切割、薄板化、研磨），不需要凸点连接工序，也不需要用于防止像素间的热扩散的网格，可以晶圆级加工到最终工序，并通过微桥结构实现高绝热性。

图4.7是由Belcher等开发的TFFE像素结构[73]。这种结构中，底面有一个电极，上面有两个电极，电容器串联，当上下各1个电极时静电容量为它的1/4。电极相对于红外线而言是透明的，与在Si读出电路上形成的反射膜一同形成干涉吸收结构。铁电体材料PST是将旋涂溶液通过金属有机分解（MOD）形成薄膜。为了放宽对动作温度的要求，这种器件被设计成热释电模式工作。

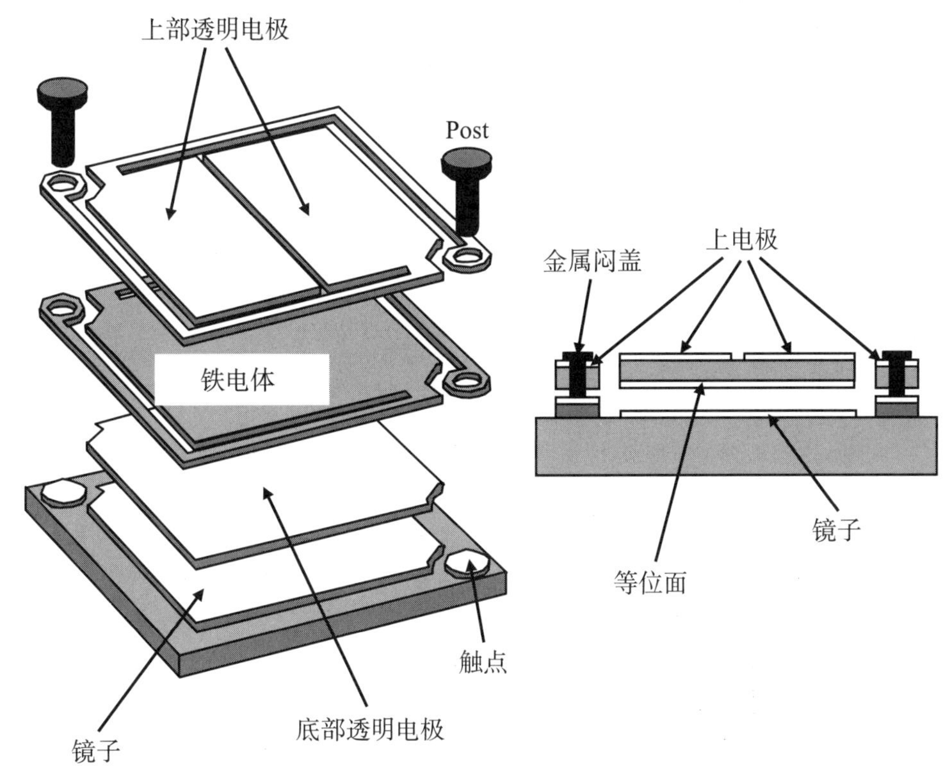

图4.7　单片式TFFE非制冷IRFPA的像素结构

英国的研究团队开发了一种单片式铁电型非制冷IRFPA[70，72，76]，它上下各有1个电极形成了电容器。该器件也是在热释电模式下动作的。所选的铁电体材料分别是由溶胶–凝胶法成膜的锆钛酸铅（PZT）和溅射法形成的PST。溶胶–

凝胶法是一种将有机金属前驱体进行热分解的液相化学沉积工艺。PZT是将前驱体溶液多次在Ti/Pt电极上旋转涂胶，得到合适的膜厚后，在500℃下热处理得到钙钛矿相（perovskite phase）的铁电体薄膜。PST的溅射是使用装有目标金属的双磁控管系统，在基板温度525℃下蒸镀。铁电体薄膜的特性越是高温下热处理越好，但Si信号读出电路的耐热性是个问题，为此探讨了可以短时间内热处理的快速热退火（rapid thermal anneal）和激光退火（laser annealing）[76]。详细的探讨结果是，在缺氧环境下可以提高Si信号读出电路的耐热性，但在允许的处理温度范围下，超过电阻测辐射热计型非制冷IRFPA性能的单片式铁电型非制冷IRFPA是无法实现的。因此，英国团队提出了图4.8结构的铁电型非制冷IRFPA[76]。

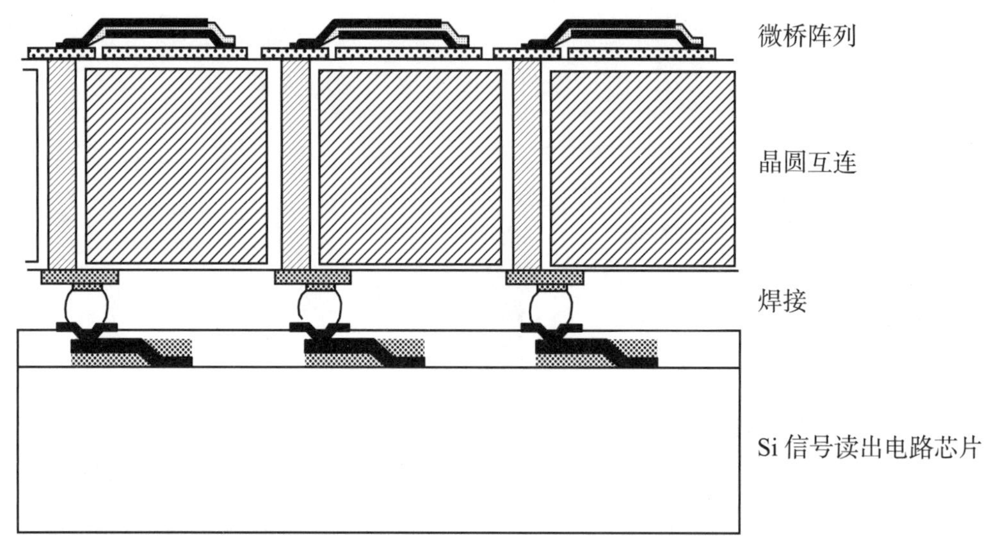

图4.8　具有贯穿基板接线结构的铁电型非制冷IRFPA的像素结构

这种结构，是在Si基板上形成微桥结构的探测器，通过贯穿基板的配线从背面的凸点取得信号（微桥阵列和晶圆互连所示结构），与其他的Si信号读出电路芯片混合连接。这种结构中，形成探测器的芯片侧不存在电路零件，所以可以高温热处理，提高铁电体薄膜的性能。

图4.9是采用了BST的单片式铁电型非制冷IRFPA的像素结构[77]。这种结构是从背面刻蚀Si基板制备绝热薄膜结构。图中具有垂直壁面的腔体是用四甲基氢氧化铵（tetramethyl ammonium hydroxide，TMAH）溶液对（110）结晶面Si进行各向异性刻蚀（anisotropic etching）形成的。BST是通过脉冲激光沉积（pulsed laser deposition，PLD）法和MOD法成膜的[78]。经确认，用PLD法进行BST成膜，在520℃较低温的条件下能得到结晶品质优良的薄膜。但是，

PLD法也存在难以在大面积的基板上均匀成膜的缺点，不适合生产。另一方面，MOD法可以大面积成膜，但是旋转涂胶得到的薄膜结晶化需要的温度高，在600~800℃。据报道，生产出了以PLD法和MOD法制备的像素间距200μm的小型线性阵列，得到的介电常数的温度变化为0.5%/K，响应度为100V/W。这种线性阵列采用的电路形式是像素电路中具备2个反相驱动的电容器。

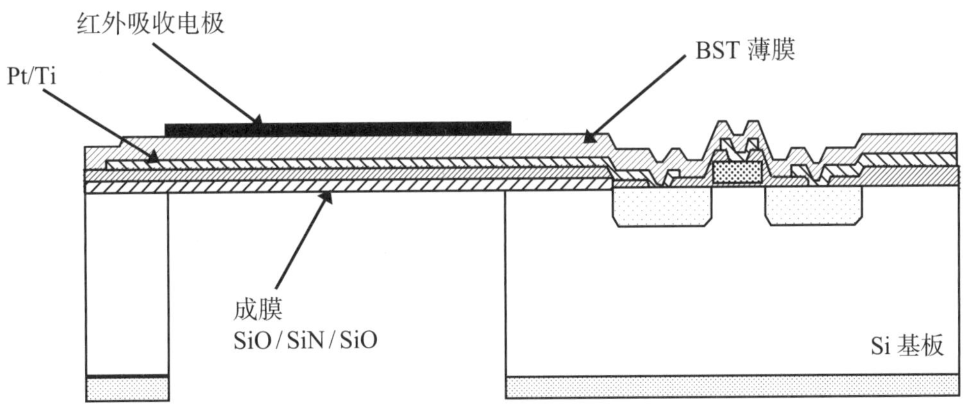

图4.9 由背面刻蚀工艺制成的单片式BST铁电型非制冷IRFPA的像素结构

另一种单片式铁电型非制冷IRFPA采用的是通过电喷雾（electrospray）法成膜的聚偏氟乙烯树脂（polyvinylidene fluoride，PVDF）[79]。这种非制冷IRFPA也是在热释电模式下动作的。电喷雾法，是在有机溶剂中以高电压使溶解的PVDF带电，带电的PVDF液滴通过电场的力到达基板。几乎所有的有机溶剂在移动过程中会蒸发，只有PVDF蒸镀到基板上。图4.10是单片式PVDF铁电型非制冷IRFPA的像素结构示意图。薄膜探测器由700nm厚的硅氧化膜支架支撑，

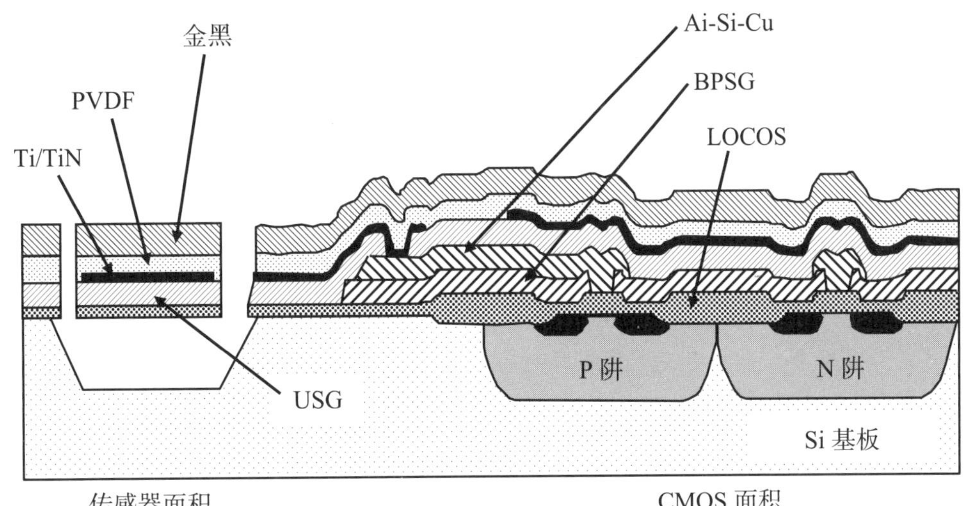

图4.10 用电喷雾法制成的单片式PVDF铁电型非制冷IRFPA的像素结构

下电极是Ti/TiN膜。通过乙二胺-邻苯二酚（ethylenediamine pyrocatechol，EDP）体微加工工艺在基板内形成腔体，最后形成金黑上电极。这种上电极发挥红外线吸收层的作用。通过这种技术，开发出了像素间距75μm的16×16像素的非制冷IRFPA，性能为R_v = 6600V/W、D^* = 1.6×10^7cm・$Hz^{1/2}$/W、$NETD$ = 0.15K（@F/1.0，1fps）。

第5章
电阻测辐射热计IRFPA

5.1 电阻测辐射热计红外探测器的动作

电阻测辐射热计是利用电气电阻的温度依赖性测量温度。电阻测辐射热计最重要的性能指标是TCR，定义为

$$\alpha_{\mathrm{TCR}}=\frac{1}{R_{\mathrm{B}}}\cdot\frac{\mathrm{d}R_{\mathrm{B}}}{\mathrm{d}T} \tag{5.1}$$

其中，R_{B}是测辐射热计的电阻。电阻测辐射热计方式的非制冷IRFPA中金属和半导体都可以使用。

金属的电阻反映了在高温下载流子散射的增加（迁移率下降），温度上升则电阻变大，公式可以表示为

$$R_{\mathrm{B}}=R_{\mathrm{B0}}[1+\gamma\cdot(T-T_0)] \tag{5.2}$$

其中，R_{B0}是温度T_0下的电阻值，γ是常数。根据式（5.1）TCR的定义，金属测辐射热计的TCR为

$$\alpha_{\mathrm{TCR}}=\frac{\gamma}{1+\gamma\cdot(T-T_0)} \tag{5.3}$$

取正值。金属测辐射热计的TCR为10^{-3}/K。

另一方面，半导体测辐射热计具有负的TCR，随着温度上升的同时电阻减少。半导体测辐射热计具有负的TCR，是因为决定半导体电阻的温度依赖性的载流子密度和迁移率随着温度上升而增大。半导体的电阻值可以表示为

$$R_{\mathrm{B}}=R_{\mathrm{B0}}\cdot\exp\left[\beta\cdot\left(\frac{1}{T}-\frac{1}{T_0}\right)\right] \tag{5.4}$$

其中，β是常数。因此，半导体测辐射热计的TCR为

$$\alpha_{\mathrm{TCR}}=-\frac{\beta}{T^2} \tag{5.5}$$

半导体测辐射热计的TCR与金属的相比要大10倍。

式（5.3）和式（5.5）显示出TCR有温度依赖性，因接收红外线引起的受光部的温度变化非常小，在非制冷IRFPA的设计中可以将TCR设想为一定值进行设计。

以额定电流驱动电阻测辐射热计时，电阻值可以在电阻两端产生电压降时测量。通过红外线吸收，探测器温度变化ΔT_d，若电阻测辐射热计的电阻仅变化ΔT_B，则信号电压ΔV_s为

$$\Delta V_s = I_B \cdot \Delta R_B = I_B \cdot \alpha_{TCR} \cdot R_B \cdot \Delta T_d \tag{5.6}$$

其中，I_B是流入测辐射热计的偏压电流。根据第3章的热平衡的讨论，受额定电流驱动的电阻测辐射热计的响应度为

$$R_v = \frac{I_B \cdot \alpha_{TCR} \cdot R_B}{G_T \cdot (1+\omega^2 \cdot \tau_T{}^2)^{1/2}} \tag{5.7}$$

电阻测辐射热计中，除了温度噪声和背景噪声外，还有热噪声和$1/f$噪声。热噪声V_{NJ}是半导体中的载流子随机运动产生的噪声，为

$$V_{NJ} = (4 \cdot k \cdot T_d \cdot R_B \cdot B)^{1/2} \tag{5.8}$$

另外，$1/f$噪声V_{Nf}可以表示为[3]

$$V_{Nf} = \sqrt{\frac{(I_B \cdot R_B)^2 \cdot n}{f}} \tag{5.9}$$

其中，n为$1/f$噪声参数。

如式（5.7）所示，电阻测辐射热计非制冷IRFPA的响应度，与偏压电流、TCR、测辐射热计电阻成正比。非制冷IRFPA中，测辐射热计电阻是考虑了与信号读出电路的一致性后决定的。TCR取决于材料，寻找TCR大、具有合适的电阻率、$1/f$噪声小的材料很困难。非制冷IRFPA所采用的电阻测辐射热计材料的TCR为0.02 ~ 0.03/K，电阻测辐射热计非制冷IRFPA的开发从开始到现在并未得到大的改善。增加偏压电流也是响应度改善方法之一，但这种方法存在自热破坏和$1/f$噪声增加的风险[80]。

这里我们考虑通电加热。电阻测辐射热计的电阻值的变化是通过电流测量的，但由于受光部被通电产生的焦耳热加热，所以受光部的温度变化，比因红外线吸收产生的温度变化大。半导体电阻测辐射热计具有负的TCR，通电加热的电阻测辐射热计电阻值变小，电流增加。电流值较小时，最终电流会稳定在一定值，而电流较大时，温度上升→电阻减少→电流增大→温度上升……连锁正反馈，电流和温度无限增大，最终测辐射热计电阻会破坏。

电流流入像素，产生焦耳热时的热平衡方程式为

$$C_H \cdot \frac{dT_d}{dt} = \Delta P_d + I_B^{\ 2} \cdot R_B(T_d) - G_T \cdot (T_d - T_s) \tag{5.10}$$

上式右边第2项为焦耳加热的项。稳定状态下，如果右边第2项比ΔP_d大，则

$$G_T \cdot (T_d - T_s) = I_B^{\ 2} \cdot R_B(T_d) = I_B \cdot V \tag{5.11}$$

其中，V是测辐射热计两端的电压。对于T_d，解上述公式，得到

$$T_d = T_s + \frac{I_B \cdot V}{G_T} \tag{5.12}$$

半导测辐射热计的电阻由式（5.4）求取，测辐射热计两端的电压V为：

$$V = I_B \cdot R_B(T_d) = I_B \cdot R_{B0} \cdot \exp\left(-\frac{\beta}{T_0}\right) \cdot \exp\left(\frac{\beta}{T_d}\right) \tag{5.13}$$

将式（5.12）代入式（5.13），得

$$V = I_B \cdot R_{B0} \cdot \exp\left(-\frac{\beta}{T_0}\right) \cdot \exp\left(\frac{\beta}{T_s + \dfrac{I_B \cdot V}{G_T}}\right) \tag{5.14}$$

测辐射热计电阻两端的电压和流入的电流满足式（5.14）。这种电流–电压的关系是电流值超过某个数值时呈现负电阻特性，在具有负电阻的区域，测辐射热计的动作会变得不稳定，发生电流击穿。

5.2 VOx微测辐射热计IRFPA

电阻测辐射热计非制冷IRFPA始于20世纪80年代初期的单层结构。图5.1是单层结构电阻测辐射热计非制冷IRFPA的像素结构[4]。这种器件中，电阻测辐射热计红外探测器和信号读出电路是邻接于Si表面而形成的。电阻测辐射热计红外探测器通过体微加工技术在形成的腔体上以氮化硅膜的支架支撑着，去除探测器下方的Si基板，可以减少热导。作为这种像素结构的非制冷IRFPA，开发出采用了具有0.0023/K的TCR的Ni-Fe的电阻测辐射热计的1 × 16像素和64 × 128像素器件[4]。这种初期的电阻测辐射热计非制冷IRFPA因为开口率低，无法获得足够的响应度，所以没有受到关注。Liddiard也独自开发了单层结构电阻测辐射热计非制冷IRFPA[81]。

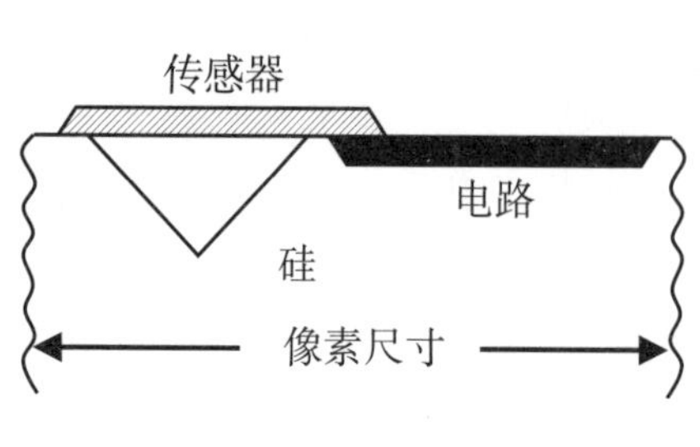

图5.1　单层结构电阻测辐射热计非制冷IRFPA的像素

之后，随着表面微加工技术的进步，可以制作在信号读出电路上支撑薄膜电阻测辐射热计的双层结构。Wood等使用半导体测辐射热计开发了响应度高的双层结构电阻测辐射热计非制冷IRFPA[1, 4, 15, 55, 82]。图5.2是Wood等开发的电阻测辐射热计非制冷IRFPA的像素结构。这种像素中，VOx电阻测辐射热计是在氮化硅膜的微桥结构上制作的。微桥下方形成信号读出电路。电阻测辐射热计是通过支撑脚内0.05μm厚的Ni-Cr配线与信号读出电路电气连接的。红外线由微桥上的红外线吸收层和读出电路上的反射膜及两者间的空间（绝缘层）形成的1/4波长干涉吸收结构吸收。

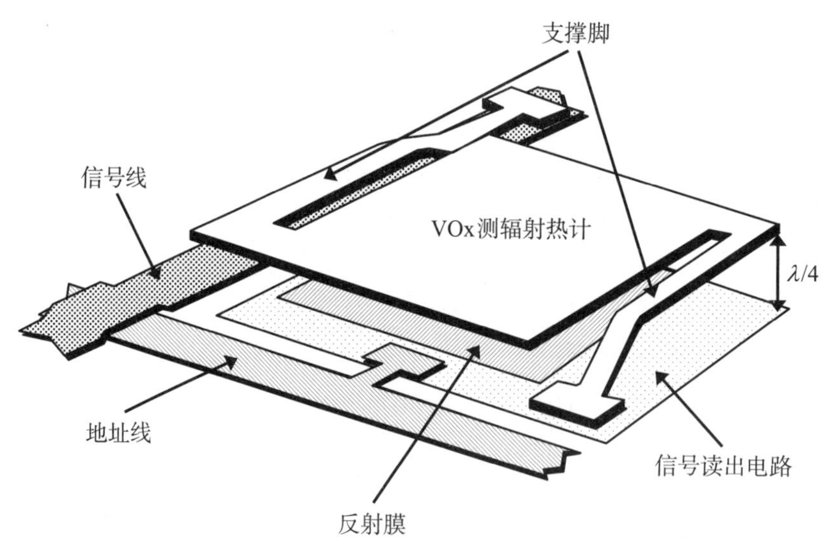

图5.2　双层结构电阻测辐射热计非制冷IRFPA的像素结构

VOx在微桥上可以在Si信号读出电路的耐热极限以下的温度下形成。用于非制冷IRFPA的VOx的TCR和电阻率分别为0.02/K和0.1Ωcm左右。图5.3和图5.4展示了VOx的特性[4]。VOx和TCR和电阻率具有正相关关系，在VOx下可以得到大于0.02/K的TCR，但是高电阻率的VOx薄膜的1/f噪声也高。另外，考虑到与

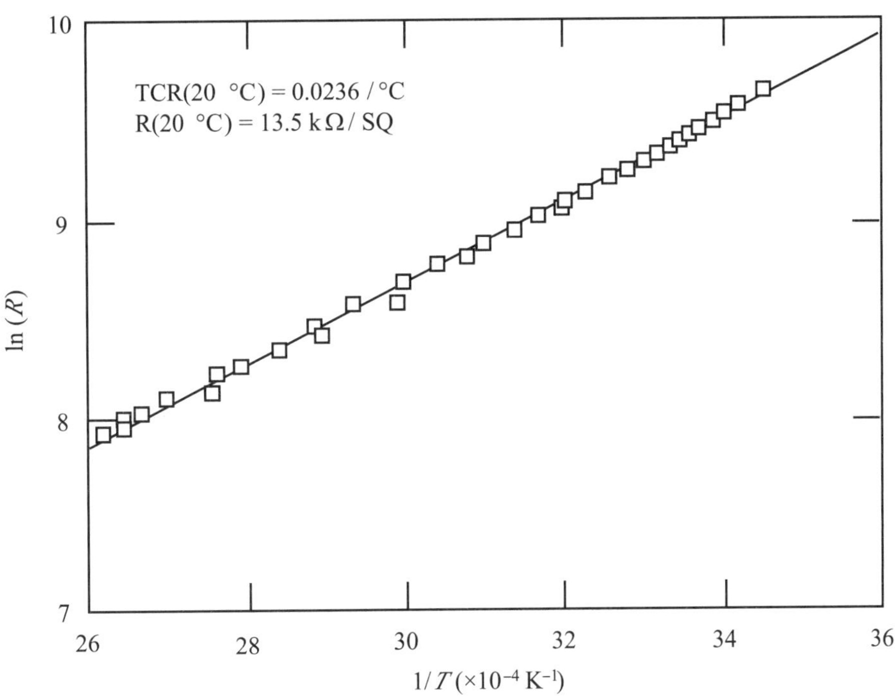

图5.3 VOx电阻测辐射热计的电阻的温度依赖性

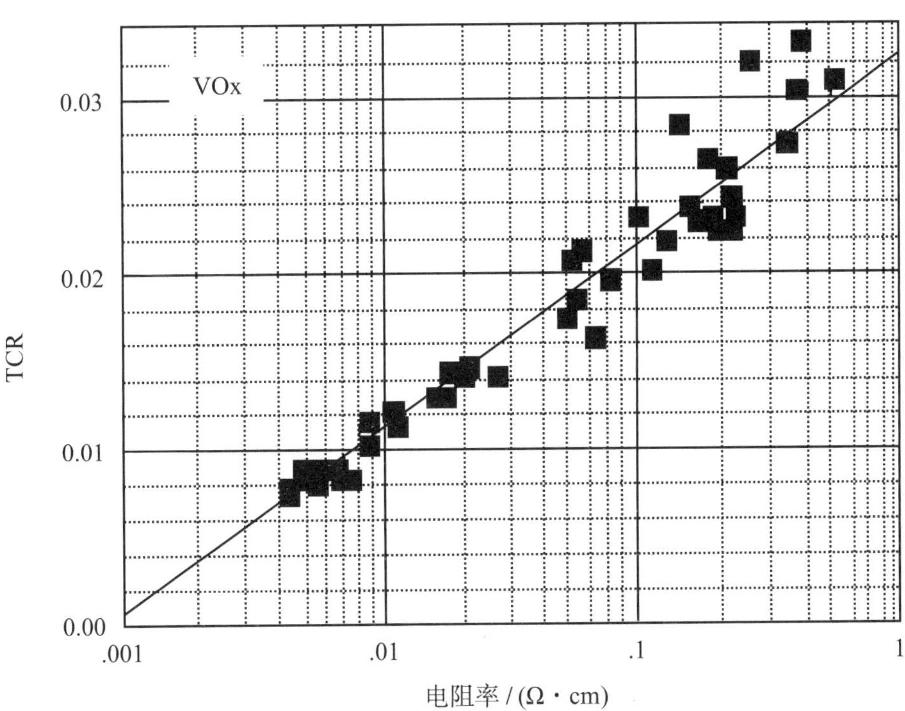

图5.4 VOx电阻测辐射热计的TCR和电阻率的相关性

信号读出电路的整合性，将测辐射热计的电阻值设为100kΩ以上有难度。基于上述理由，现在非制冷IRFPA仍使用具有0.02/K左右的TCR的VOx薄膜。

图5.5是双层结构电阻测辐射热计非制冷IRFPA的具有代表性的MEMS流程图[1]。以Si LSI技术形成Si信号读出电路，表面平整化后（图5.5(a)），形成牺牲层，通过光刻法形成岛状图案（图5.5(b)）。在下道工序中，形成Si_3N_4膜作为微桥结构的下侧结构，接着VOx成膜，成形；接下来，为了连接信号读出电路和支架内的配线，对接触孔开口，形成金属接线；然后，用Si_3N_4膜覆盖电阻测辐射热计和金属配线，进行保护（图5.5(c)）。最后去除牺牲层，在微桥结构下方形成空间（图5.5(d)）。

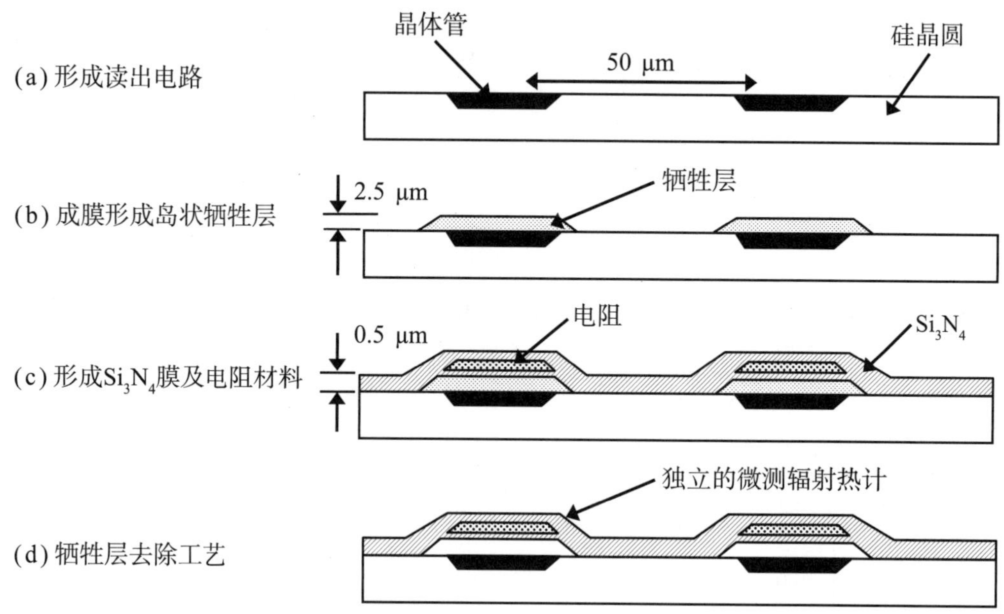

图5.5　双层结构电阻测辐射热计非制冷IRFPA的MEMS工艺流程

最后的牺牲层去除，因为要保留微桥结构，使用刻蚀剂仅对牺牲层选择性地进行刻蚀，所以选择牺牲层的材料时要考虑与微桥材料的配合。氟酸溶液的氧化硅膜的刻蚀速率相比氮化硅膜的刻蚀速率有着压倒性优势。利用这一特点，在初期的双层结构电阻测辐射热计非制冷IRFPA的开发中，采用的工艺是，微桥结构体使用氮化硅膜，牺牲层使用氧化硅膜，牺牲层去除刻蚀使用氟酸溶液。但是，这种牺牲层去除属于湿工艺，出成率会因干燥时的粘连而下降，这个问题随着热导的降低而变得更严峻。

为解决该问题，导入了有机牺牲层工艺。有机牺牲层工艺中，牺牲层采用的是经旋转涂胶的聚酰亚胺等。牺牲层去除可以采用氧等离子体工艺进行。

Wood等凭借VOx电阻测辐射热计技术开发了240 × 336像素的非制冷IRFPA[55]。这种器件采用双层结构，像素间距为50μm，开口率为70%，热导为2×10^{-7}W/K。图5.6是像素的电子显微镜照片。这种器件通过5μs脉宽的脉冲流入250μA的大电流，响应度得到提高。在30fps的帧率下动作时，*NETD*为39mK（@F/1.0）。受到Wood等的成功的刺激后，人们相继开发了像素间距为50μm，像素数从128 × 128像素到320 × 240像素的多种VOx电阻测辐射热计非制冷型IRFPA[83~88]。

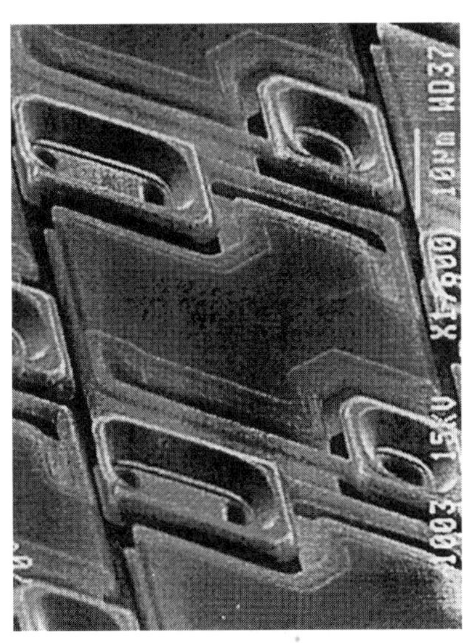

图5.6 像素间距50μm的电阻测辐射热计非制冷IRFPA的像素

5.3 采用其他材料的电阻测辐射热计IRFPA

并不是只有VOx是可以用于非制冷IRFPA的电阻测辐射热计材料。至今，探讨了用于非制冷IRFPA的无定形硅、多晶SiGe、单晶硅、Si/SiGe量子阱等Si基电阻测辐射热计材料。

无定形硅是除了VOx以外，用于非制冷IRFPA的最成功的电阻测辐射热计材料[89~95]。有关Si基电阻测辐射热计材料对非制冷IRFPA适用性的初期研究始于澳大利亚[94]。开发之初的无定形硅的课题是$1/f$噪声的降低。Unewisse等比较了用溅射法和等离子体增强化学气相沉积（plasma-enhanced chemical vapor deposition，PECVD）制作的相同电阻率的无定形硅电阻测辐射热计的噪声，得出$1/f$噪声对成膜方法有很强依赖性的结论。如图5.7所示，与溅射法相比，PECVD成膜的无定形硅电阻测辐射热计的$1/f$噪声更大。还可以观测到，在

PECVD制作的薄膜中，通过势垒的电流沿着细丝状的区域流动从而引起的随机电报噪声（random telegraph noise）[94]。

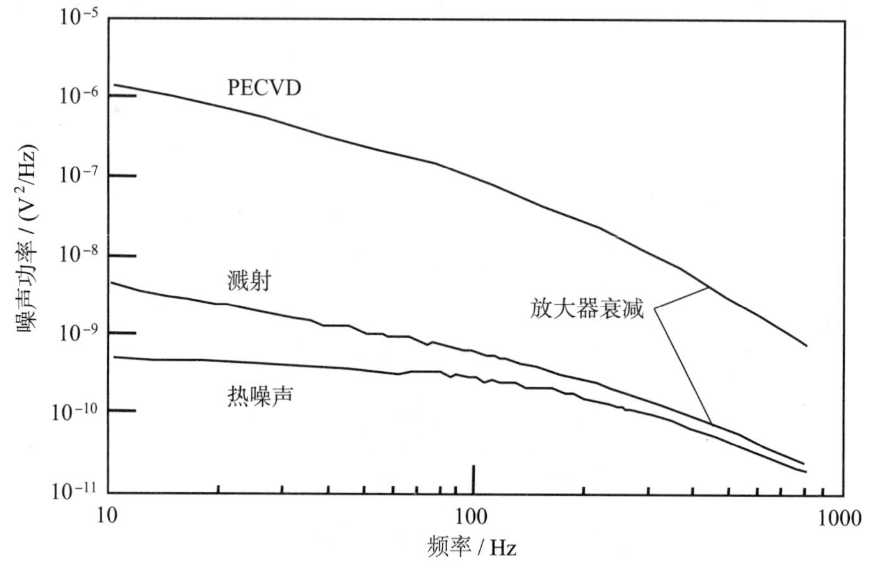

图5.7　无定形硅电阻测辐射热计的1/*f*噪声

图5.8展示了无定形硅的TCR的电阻率依赖性[93]。掺入低浓度杂质的高电阻率无定形硅可以实现0.05/K的TCR，但高电阻率的无定形硅的1/*f*噪声高，与

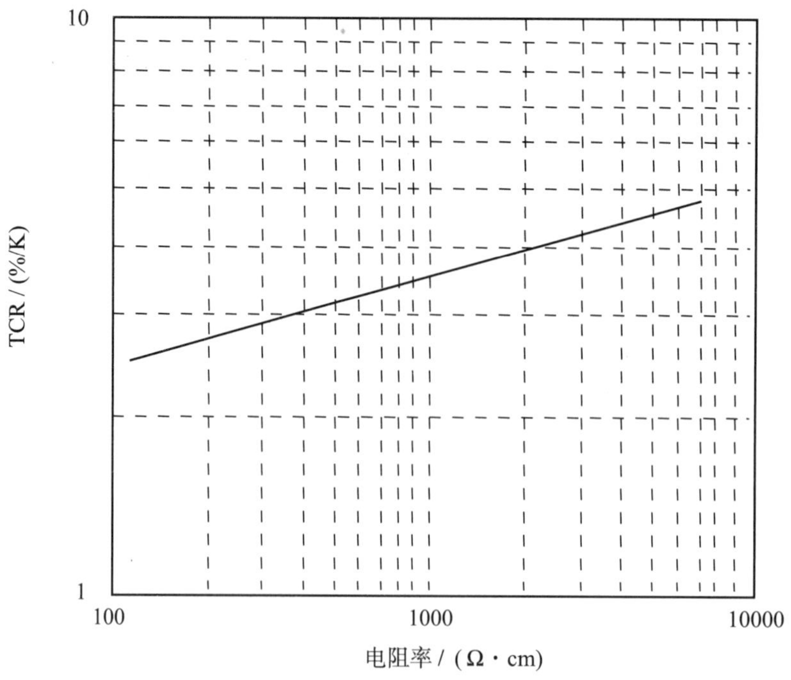

图5.8　无定形硅的TCR的电阻率依赖性

读出电路的一致性差，所以非制冷IRFPA采用TCR在0.025/K以下的含高浓度杂质的无定形硅。

Tissot等将无定形硅用于电阻测辐射热计材料，开发了像素间距50μm的256×64像素的非制冷IRFPA[92]。像素间距与初期的VOx电阻测辐射热计非制冷IRFPA相同，但无定形硅是单独以微桥结构独立的，所以不需要为了增加它的机械性强度而添加绝缘膜。因此，可以将受光部位的厚度变得非常薄，从而减小热容量。

图5.9是无定形硅非制冷IRFPA的像素结构及连接基板和受光部的金属嵌钉（metal stud）部分的放大图[91, 92]。另外，制作该器件的MEMS工艺如图5.10所示[91]。图5.9是像素间距为50μm、256×64像素的器件，采用*F*值为1.0的光学系统时，帧率100fps的条件下可以得到*NETD*<50mK的性能[95]。据报道，像素间距缩小到45μm的320×240像素的非制冷IRFPA，*NETD*可以达到70mK（@F/1.0，50fps）[93]。

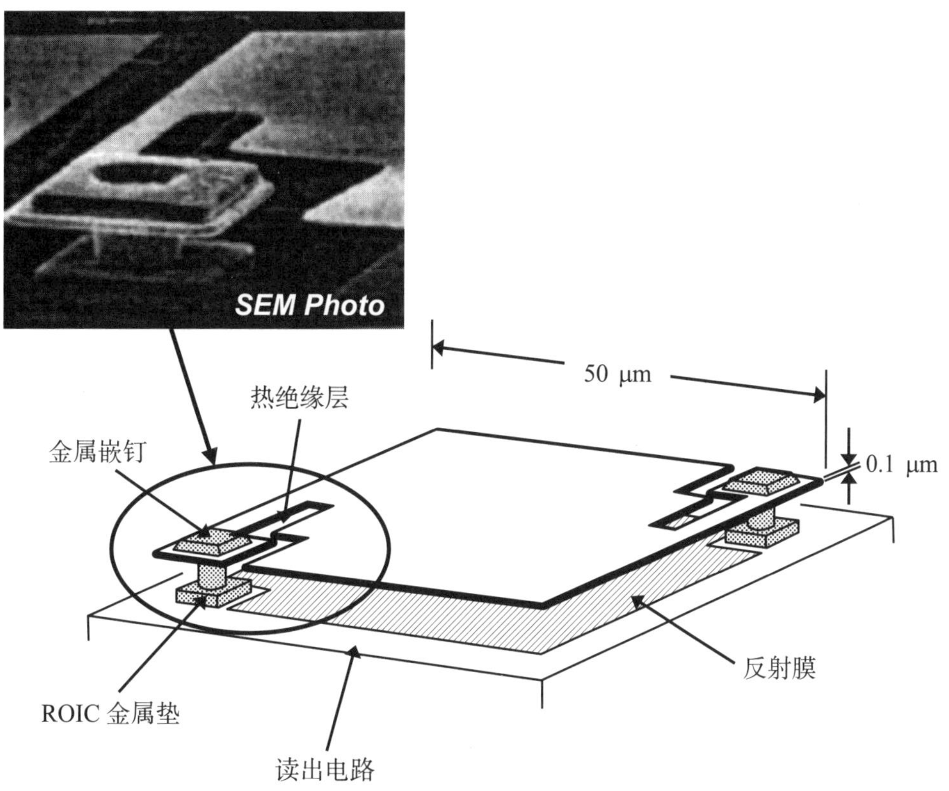

图5.9 无定形硅非制冷IRFPA的像素结构

在无定形硅非制冷IRFPA开发初期，无定形硅的亚稳态引起的电阻变化是个问题。但是，Tissot等通过单独的热处理工艺解决了这个问题，确认在125℃、1000小时的高温下不会发生电阻变化[93]。

另外，还开发了采用高电阻的无定形硅电阻体的像素间距为46.8μm的160×120像素的非制冷IRFPA[89，90]，这种器件的像素电阻为30MΩ，较大，无法采用图3.2所示的信号读出电路，但采用开关电容技术用像素内的电容器进行1个帧周期的信号积分，可以改善信噪比。

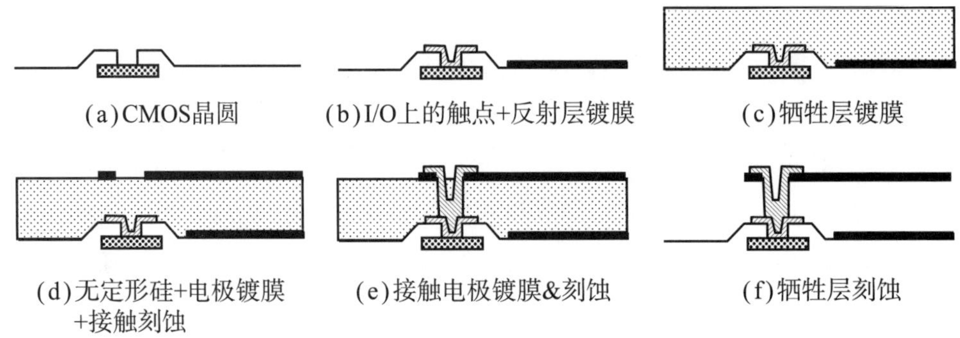

图5.10　无定形硅非制冷IRFPA的MEMS工艺流程

单晶硅的TCR较小，为0.005～0.007/K，与Si LSI制造工艺兼容，是一种有魅力的材料，开发出了采用单晶硅的电阻测辐射热计非制冷IRFPA[96，97]。报告中的单晶硅电阻测辐射热计结构，除了最后的去除工艺外，都可以用标准CMOS技术制备，量产性佳。受光部位的去除，用TMAH各向异性刻蚀进行。

多晶SiGe是具有低热导率及低拉伸应力的材料，它与无定形硅相同，可以以多晶SiGeely的独立结构制作非制冷IRFPA像素[98～101]。Moor等为了制作极薄的独立结构，开发了高温氢氟酸蒸气表面微细加工技术和U型受光部位结构技术[100]。用氢氟酸蒸气进行牺牲层刻蚀的过程中会产生水，引起粘连。高温氢氟酸蒸气表面微细加工技术是将晶圆升温到30～50℃，通过刻蚀技术、升温，消除因水分产生导致的粘连。U型支架是从建筑材料等为了增加强度而采用的I型结构得到的启示，在受光部位和支架的周边部位将剖面做成U型结构，可以提高刚性和平坦性。多晶SiGe膜是在600℃下，在大气压或减压环境下通过CVD法成膜的，包括配线部分在内的TCR为0.015/K[98]。试做的像素间距为50μm的128×128像素的线性非制冷IRFPA获得了65mK的*NETD*（@F/1.0）[98]。

作为电阻测辐射热计，还研究开发了无定形GeSi和GeSiO薄膜[102，103]。无定形GeSi，增加Si的构成，电阻率上升，TCR下降。如果在GeSi中添加氧，变成GeSiO，电阻率和TCR都会增大。

作为Si基的电阻测辐射热计，开发出了利用Si/SiGe量子阱的材料[104，105]。SiGe的带隙小于Si，为了在GeSi层形成量子阱，将多数Si/SiGe积层制成电阻测辐射热计。Si/SiGe的组合中，能带的不连续状态位于价电子带侧，通过腔体在量子阱之间跳跃，电流流动。这时的TCR由带隙之差决定，SiGeSi中的Ge的构成为32%时可以得到0.03/K的TCR。Ericsson等人开发了在SOI晶圆上形成Si/SiGe多重量子阱，将另外准备的ROIC转写到晶圆上的晶圆转写技术，并验证这项技术在非制冷IRFPA上的适用性[104]。

高温超电导材料和巨磁阻效应材料是具有高TCR的材料，研究了它们对非制冷IRFPA的适用性。这类材料中，高温超电导材料YBaCuO获得了较好的结果[106~108]。半导体材料YBaCuO通过靶材以磁控溅射法成膜。成膜在室温下进行，所以在Si ROIC上可以制作电阻测辐射热计探测器结构。

Almasri等通过采用了聚酰亚胺牺牲层的表面微加工技术，试做了40μm角的YBaCuO电阻测辐射热计像素[106]。这种像素中，400nm厚的YBaCuO形成于10nm厚的Ti电极上。Ti对YBaCuO不会产生良好的欧姆连接，所以Au薄膜会插入YBaCuO和Ti之间。这种YBaCuO电阻测辐射热计可以获得TCR为0.035/K、D^*为10^8cm·Hz$^{1/2}$W的性能。YBaCuO可以在包括聚酰亚胺这种柔性基板在内的各种基板上成膜，因此也提出了适用于柔性外皮等的方案[108]。

Wada等，开发了像素间距为40μm的320×240像素的YBaCuO电阻测辐射热计非制冷IRFPA[109]。这种器件中YBaCuO的TCR为0.032/K，$1/f$噪声与VOx相同。试做的非制冷IRFPA的*NETD*采用F/1.0的光学系统时，在80mK下也可以得到画质良好的图像。

金属的TCR比半导体小10倍，也有将Ti用于电阻测辐射热计的非制冷IRFPA的开发实例[110，111]。Ti是用于Si LSI的材料，$1/f$噪声小。Tanaka等开发了像素间距为50μm的128×128像素的Ti电阻测辐射热计非制冷IRFPA[111]。用于这种器件的Ti的TCR为0.0025/K，当采用F/1.0的光学系统，以5.3μs的脉宽通入2.5mA的偏压电流时，这种非制冷IRFPA的*NETD*为90mK。

NiOx和TiOx作为测辐射热计材料的研究开发也在进行中[112~114]。另外，Endoh等凭借采用准分子激光器的MOD法向VOx中添加各种金属尝试改变性能时，发现添加Nb可以实现0.036/K的TCR，适用于像素间距为12μm的640×480像素的非制冷IRFPA[115]。

5.4　电阻测辐射热计IRFPA的像素间距缩小和高分辨率化

20世纪90年代确立了双层结构的电阻测辐射热计IRFPA制造技术，像素间距为50μm的电阻测辐射热计非制冷IRFPA产品被大量投入市场。像素间距为50μm的非制冷IRFPA中，采用了双层结构的像素，获得了良好的性能。但是，为了实现高分辨率化和红外相机的小型化，需要缩小像素间距。如果缩小像素间距，像元可受光的红外线能力减少（图5.11），无法获得足够的响应度。为了补偿减少的受光量，维持并提高响应度，降低热导是最有效的，实验显示，像素间距为50μm的热型红外探测器通过降低热导能够得到8mK的*NETD*（@F/1.0）[116]。但是，开口率与热导有着折中关系，如果缩小像素间距，则确保像素间距50μm的技术中所需的红外线吸收和绝热性的像素设计十分困难。

Murphy等，尝试了通过向VOx电阻测辐射热计像素导入支架用的低密度氮化硅膜等，提高响应度[17]。但是，对于以往的双层像素结构，如果像素间距低于40μm，性能会变差。

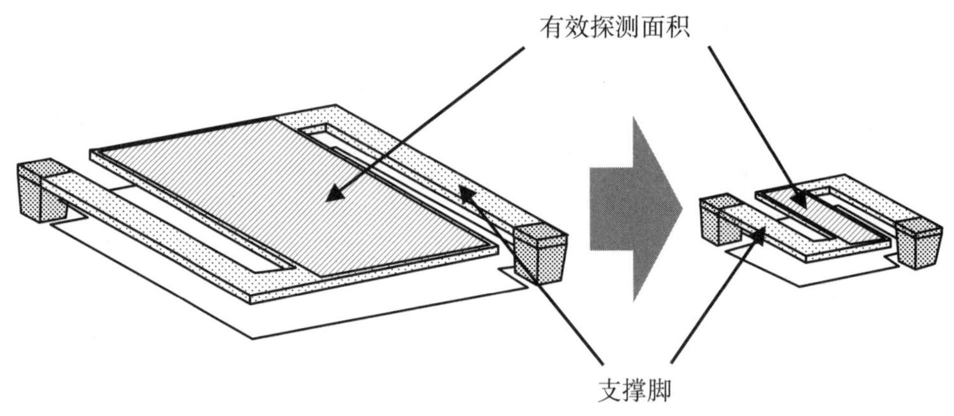

图5.11　缩小像素间距的课题

为了打破这种状况，开发了两种技术：一种是三层像素结构制作技术，另一种是MEMS工艺微细化技术。

图5.12是为了缩小像素间距而开发的三层VOx电阻测辐射热计像素的结构[17, 30, 117]。这种结构，是通过在其他层形成支撑脚和受光部，不减少开口率就可以降低热导，用双层牺牲层微加工工艺制作。采用这种像素结构，试做了像素间距25μm的320×240像素和640×480像素的VOx电阻测辐射热计非制冷

IRFPA，320×240像素的元件得到了22mK（@F/1.0）的*NETD*，640×480像素的元件得到了35mK（@F/1.0）的*NETD*[30]。

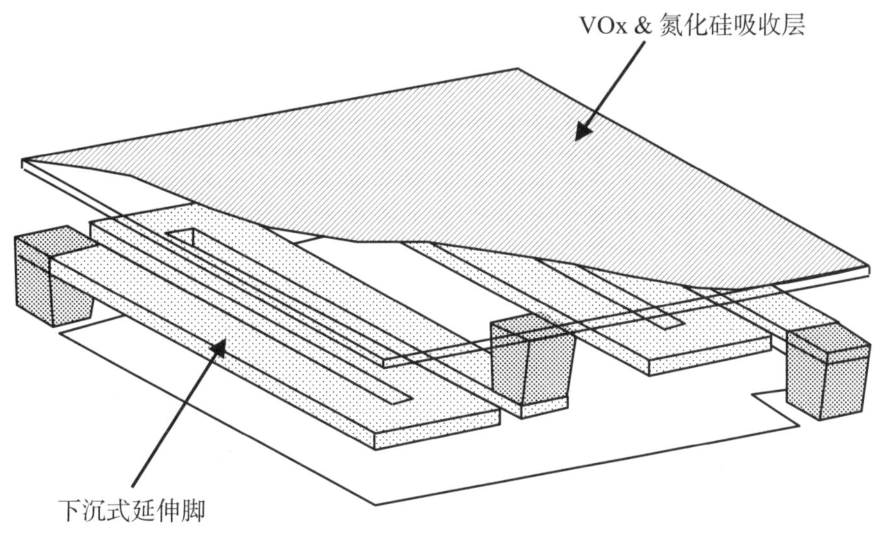

图5.12 三层VOx电阻测辐射热计像素结构

另外，开发了相同像素结构的像素间距20μm的640×480像素的非制冷IRFPA，报告的性能是*NETD*为27mK（@F/1.0，30fps）[118]。像素间距20μm的三层结构像素的电子显微镜照片如图5.13所示。Murphy等将这种像素结构用于像素间距为17μm和12μm的元件，两种都实现了50mK(@F/1.0)以下的*NETD*[24, 26]。有关同种像素结构也有其他的报告[119, 120]。

图5.13 像素间距20μm的三层VOx电阻测辐射热计像素

图5.14是为了缩小像素间距而开发的其他的像素结构[121]。这种像素结构中，为了吸收红外线，在微桥结构上装上了氮化硅薄膜檐式结构(eaves structure)。檐式结构吸收射入支架部分的红外线，增大实质性的开口率。试做

了这种结构的像素间距23.5μm的电阻测辐射热计非制冷IRFPA，与以往的结构相比，得到了1.3倍的响应度。其他小组也发表了相同像素结构的电阻测辐射热计方式的非制冷IRFPA[18, 106, 122]。作为其他的像素间距缩小技术，也有为实现低热导化，采用细长纳米管的受光部位支架的像素结构的提案案例[123]。

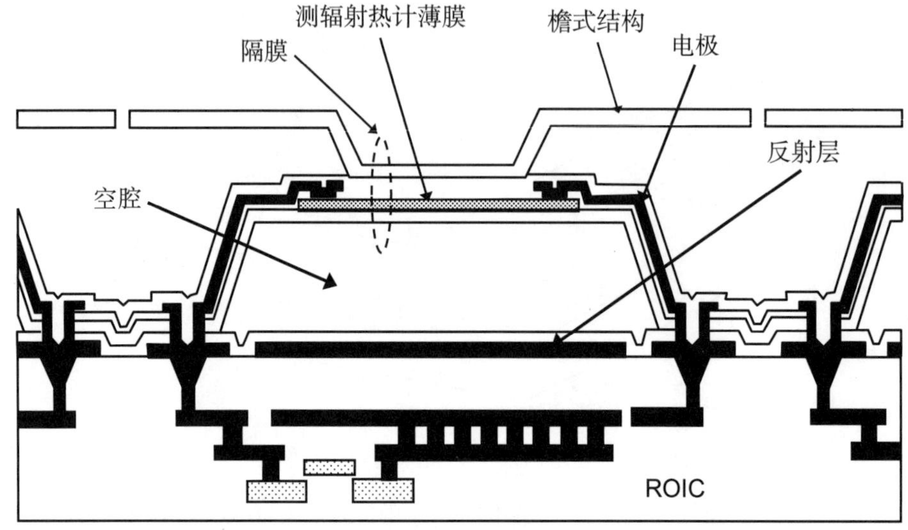

图5.14　带檐式结构的电阻测辐射热计非制冷IRFPA的像素结构

也有厂家，通过提高微细加工工艺的微细加工技术，维持原来的双层结构不变，缩小像素间距[19, 20, 124, 125]。比如，像素间距28μm的640 × 480像素的VOx电阻测辐射热计非制冷IRFPA，通过0.3μm的MEMS微细加工技术和1像素1触点像素设计，无论是否是双层结构，都可以实现64%的开口率和5×10^{-8}W/K的热导[124, 125]。

无定形硅电阻测辐射热计非制冷IRFPA也有保留双层结构，通过缩小设计基准，开发改善测辐射热计特性工艺实现像素微细化的[21, 126, 127]。Ulis公司对于像素间距45μm的元件，采用了1.5μm的MEMS设计基准，而对于像素间距为35μm和25μm的非制冷IRFPA，则通过将最小尺寸缩小到1.2μm和0.8μm，维持与45μm像素同等的性能。报告指出，像素间距35μm的320 × 240像素的元件，*NETD*为35mK（@F/1.0）[126]，像素间距25μm的640 × 480像素的元件，*NETD*为48mK（@F/1.0）[21]。图5.15汇总了Ulis公司用于缩小像素间距的MEMS微细加工技术的演变。该图的纵轴，是MEMS工艺中最小设计尺寸（minimum feature size），17μm像素需要0.5μm、12μm像素需要0.3μm的微细加工技术。

图5.16是Fraunhofer Institute以微细加工MEMS技术制作的17μm无定形硅电阻测辐射热计非制冷IRFPA的像素照片[128]。

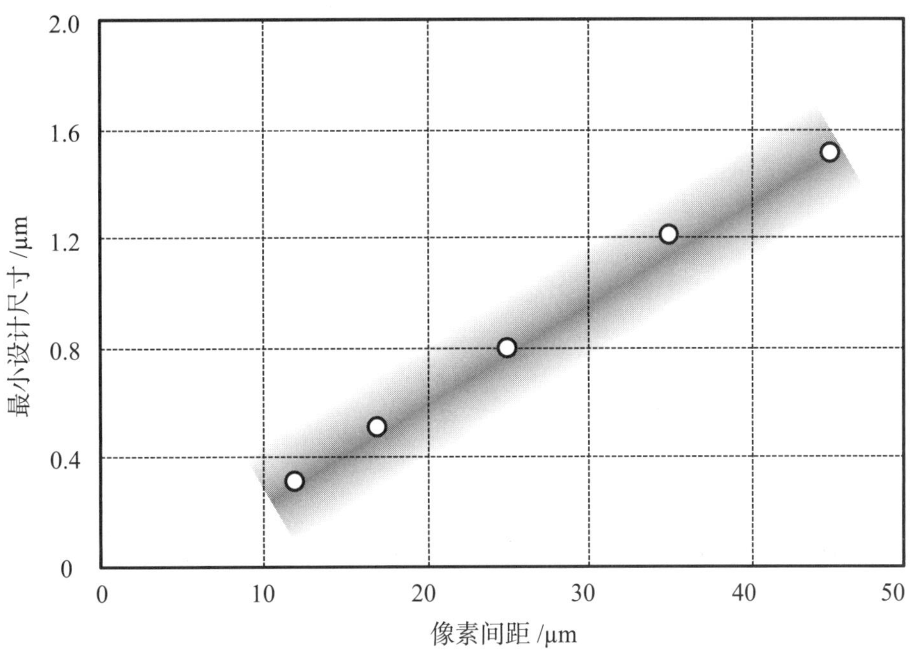

图5.15　非制冷IRFPA的MEMS微细加工技术的演变

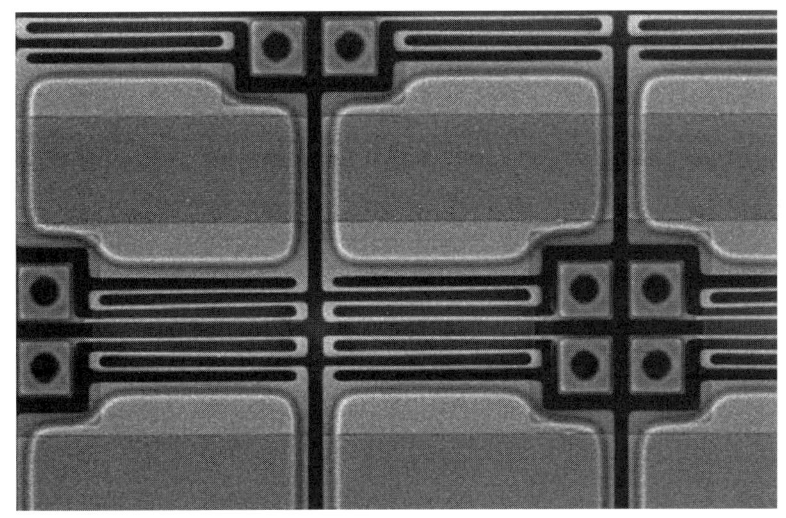

图5.16　以微细加工MEMS技术制作的17μm无定形硅电阻测辐射热计非制冷IRFPA的像素

像素间距缩小，经历了从50μm到25μn、17μm [32，128～134]，再到现在12μm像素的非制冷IRFPA [135，136] 的变迁。像素间距到25μm时期以后，就发展了本节所介绍的像素间距缩小技术，通过减小热导提高性能。图5.17是NEC减少VOx电阻测辐射热计非制冷IRFPA的热导的趋势图，可以了解到各时期的设计参数。

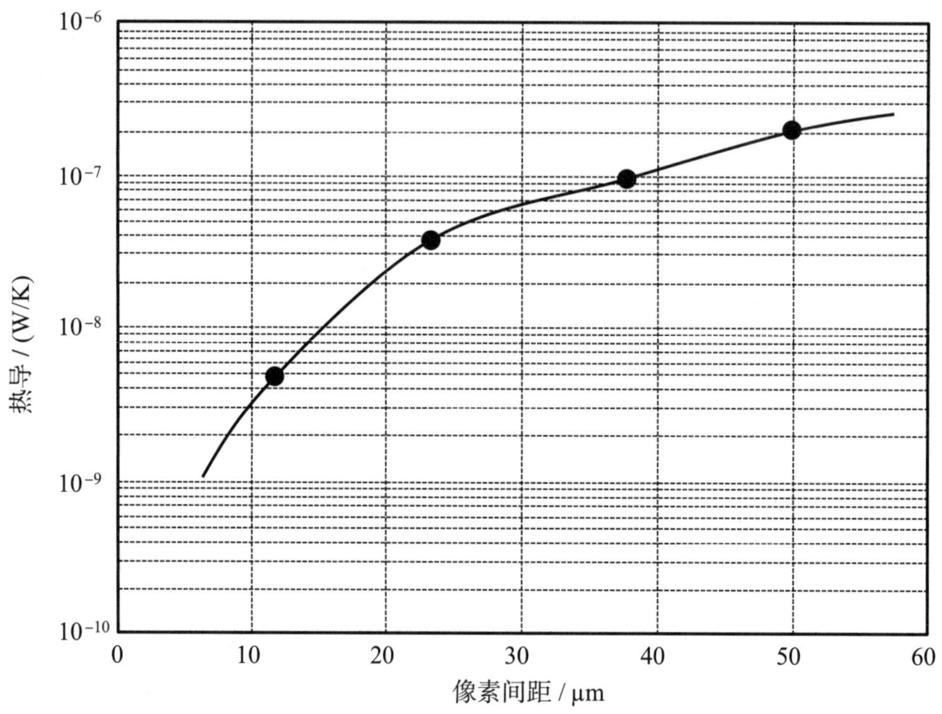

图5.17　热导减少的趋势图

5.5　中红外范围内具有响应度的非制冷IRFPA

量子型IRFPA中的一项重要的研究开发，是将LWIR和MWIR波长范围的探测器集结于一个IRFPA，实现多波长化。一方面，非制冷IRFPA的响应度低，难以在接近室温的物体的MWIR波长范围内红外成像。但是，由于最近的技术进步，非制冷IRFPA的响应度达到了可以与上一代量子型IRFPA的感应度相匹敌的水平，将非制冷IRFPA的应用扩大到MWIR波长范围的尝试也是值得期待的。

Tissot等报告指出，LWIR波长范围的探测器中最合适的像素设计——160 × 120像素无定形硅非制冷IRFPA，在MWIR波长范围中也具有有效的响应度[137]。他们的评价中，得出了下述结论，在LWIR波长范围中*NETD* = 30mK（@F/1.0）的非制冷红外传感器在MWIR波长范围内具有170mK（@F/1.0）的*NETD*。这种无定形硅非制冷IRFPA是按照在LWIR波长范围内得到最大响应度设计的，通过探讨最适合于2种波长红外成像的电阻测辐射热计厚度、反射膜和吸收膜的间隙的距离，得到了图5.18所示的光谱吸收特性[19]。如果能够实现这种吸收特性，在LWIR、MWIR两种波长范围内能够得到100mK（@F/1.0）以下的*NETD*。

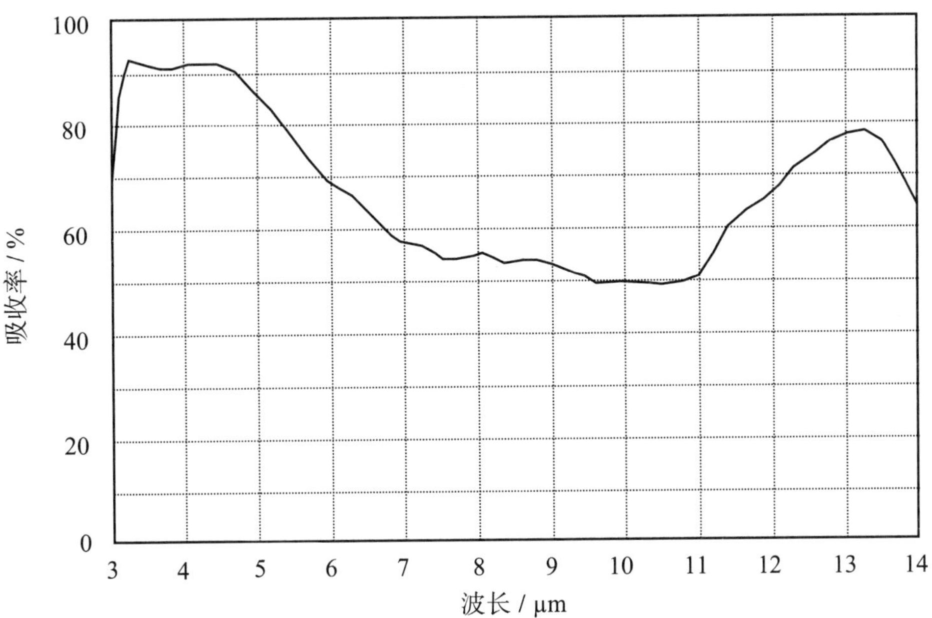

图5.18　为2种波长成像设计的红外线吸收层的光谱吸收特性

第6章
热电IRFPA

6.1 热电红外探测器的动作

如图6.1(a)所示，将不同材质的金属或半导体连接形成环，两处接点间给予温度差时，电流在电路中流动。另外，将一侧导体的中间或者一头的接点部分切断，形成图6.1(b)或图6.1(c)的结构，2个端子间产生电压。这种现象，以发现人的名字命名，称为塞贝克效应。

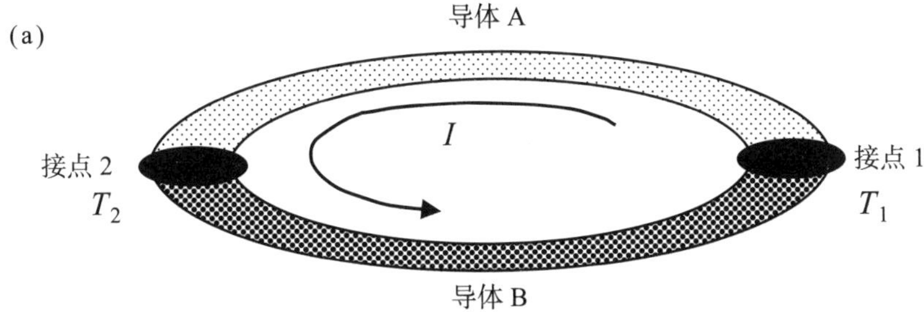

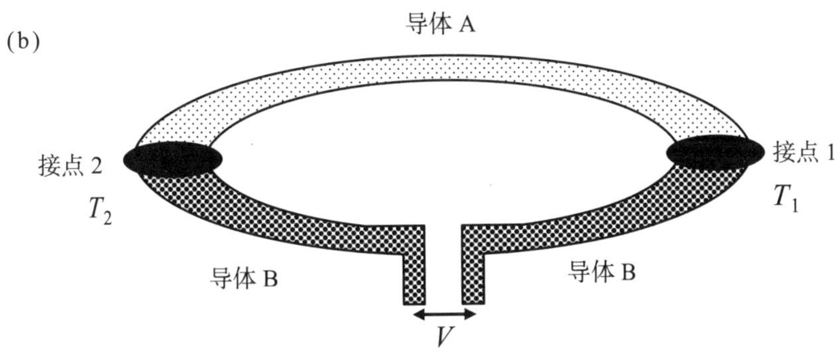

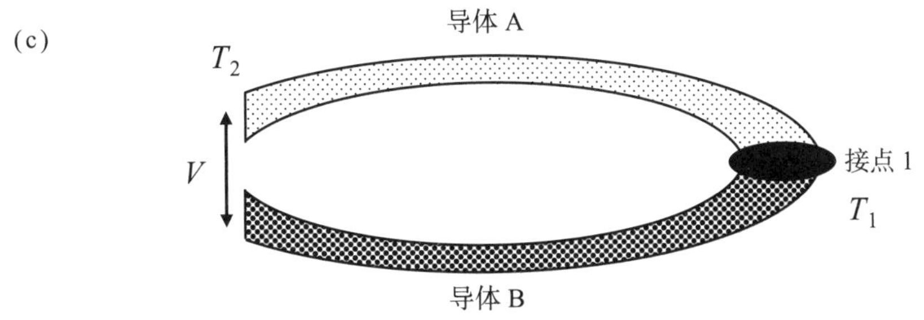

图6.1 塞贝克效应引起的电动势

塞贝克效应中产生的电压ΔV_s，与2个端子间的温度差ΔT_d（$=T_1-T_2$）成比例，公式为

$$\Delta V_s = \alpha \cdot \Delta T_d \tag{6.1}$$

其中，α为塞贝克系数。该塞贝克系数由材料的组合决定，可以以物质固有值定义。图6.1所示的结构中，假设导体A和导体B的塞贝克系数分别为α_A、α_B，则式（6.1）的塞贝克系数可通过下式求取：

$$\alpha = \alpha_A - \alpha_B \tag{6.2}$$

热电偶（thermocouple）是图6.1(b)或图6.1(c)所示结构的温度传感器。图6.2是将热电偶用作温度传感器的热电非制冷红外探测器的基本构造示意图。基板起到散热器的作用。冷接点（cold junction）形成于基板上，温接点（hot junction）放置于薄膜上。形成温接点的薄膜下方的基板会被去除，所以形成温接点的薄膜中央部分和基板间的热导小，红外线吸收层（infrared absorber）吸收红外线时，薄膜部分的温度（温接点的温度）会发生变化。另外，冷接点形成于散热器上，温度不会变化，两个接点之间形成温度差，于是，热电偶的两端产生电压。

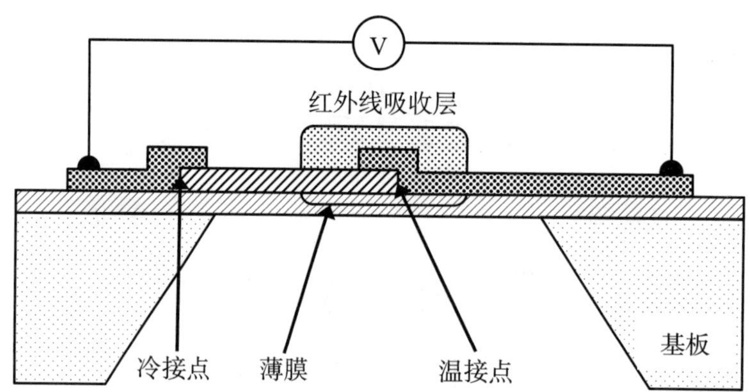

图6.2　热电偶用于温度传感器的非制冷红外探测器的基本结构

因为热电偶的输出电压是相加的，所以将温接点和冷接点相互串联，可以增大响应度。串联起来的热电偶称为热电堆。假设温接点/冷接点的对数为m，则热电堆的输出电压为：

$$\Delta V_s = m \cdot \alpha \cdot \Delta T_d \tag{6.3}$$

热电偶和热电堆的噪声是由热电堆的电阻值R_D决定的热噪声，由下式求得：

$$V_{NJ} = (4 \cdot k \cdot T_d \cdot R_D \cdot B)^{1/2} \tag{6.4}$$

参考第3章，由热电型非制冷红外探测器的热噪声决定的比探测率为

$$D^* = \frac{m \cdot \alpha \cdot A_d^{1/2}}{2 \cdot G_T \cdot (k \cdot T_d \cdot R_D)^{1/2} \cdot (1 + \omega^2 \cdot \tau_T^2)^{1/2}} \tag{6.5}$$

由热噪声决定的$NETD$为[3]

$$NETD = \frac{8 \cdot F^2 \cdot G_T \cdot (k \cdot T_d \cdot R_D \cdot B)^{1/2} \cdot (1+\omega^2 \cdot {\tau_T}^2)^{1/2}}{m \cdot \alpha \cdot A_d \cdot \dfrac{\partial M_e(\lambda_1 - \lambda_2, T)}{\partial T}} \tag{6.6}$$

为了获得高响应度，需要加大塞贝克系数，降低热导，为了降低电气噪声，需要降低热电堆的电阻。考虑到这些，热电材料性能指标采用下列公式[3]：

$$Z = \frac{\alpha_A - \alpha_B}{(\rho_{EA} \cdot \sigma_{TA})^{1/2} + (\rho_{EB} \cdot \sigma_{TB})^{1/2}} \tag{6.7}$$

其中，σ_{TA}和σ_{TB}及ρ_{EA}和ρ_{EB}，分别是导体A和导体B的热导率和电阻率。

6.2 热电堆IRFPA

MEMS技术用于非制冷IRFPA的制造前，是将塑料或氧化铝陶瓷作为基板制作热电型非制冷红外探测器的。与Si LSI制造技术兼容的MEMS工艺技术，对于热电型非制冷IRFPA，在响应度、生产性、阵列化等方面带来了很大的影响。

首次报告由微加工技术制备的热电堆非制冷红外探测器是在1982年[138]，这种探测器的平面和剖面结构如图6.3所示。

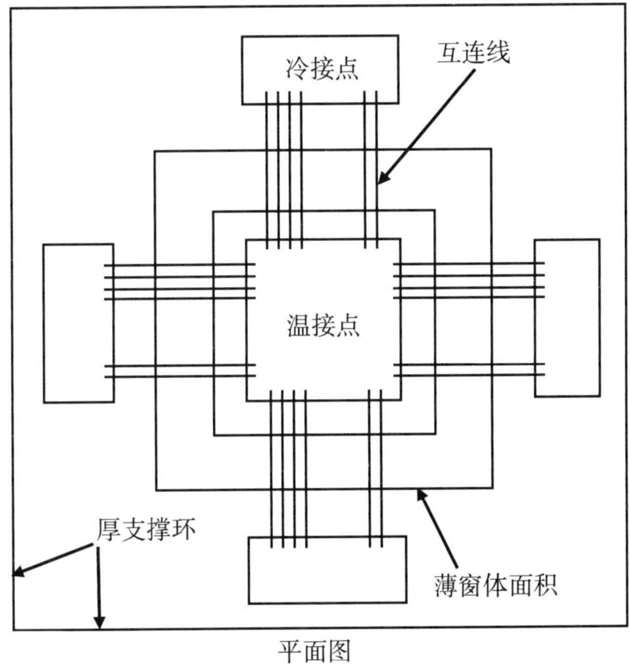

图6.3 微细加工技术制备的热电堆非制冷红外探测器的平面和剖面结构

二氧化硅 金属互连
吸收层（铋黑）
金属 B
金属 A
硅环
剖面图
箱体

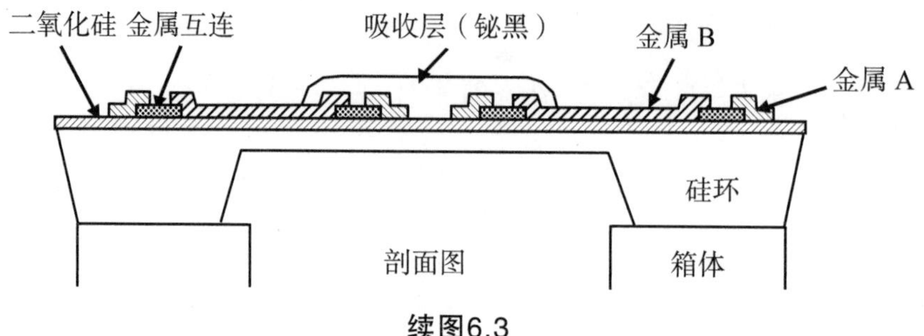

续图6.3

形成温接点的薄膜层，是由绝缘膜和掺有高浓度硼的硅层构成的，这种探测器的制造工艺如图6.4所示。

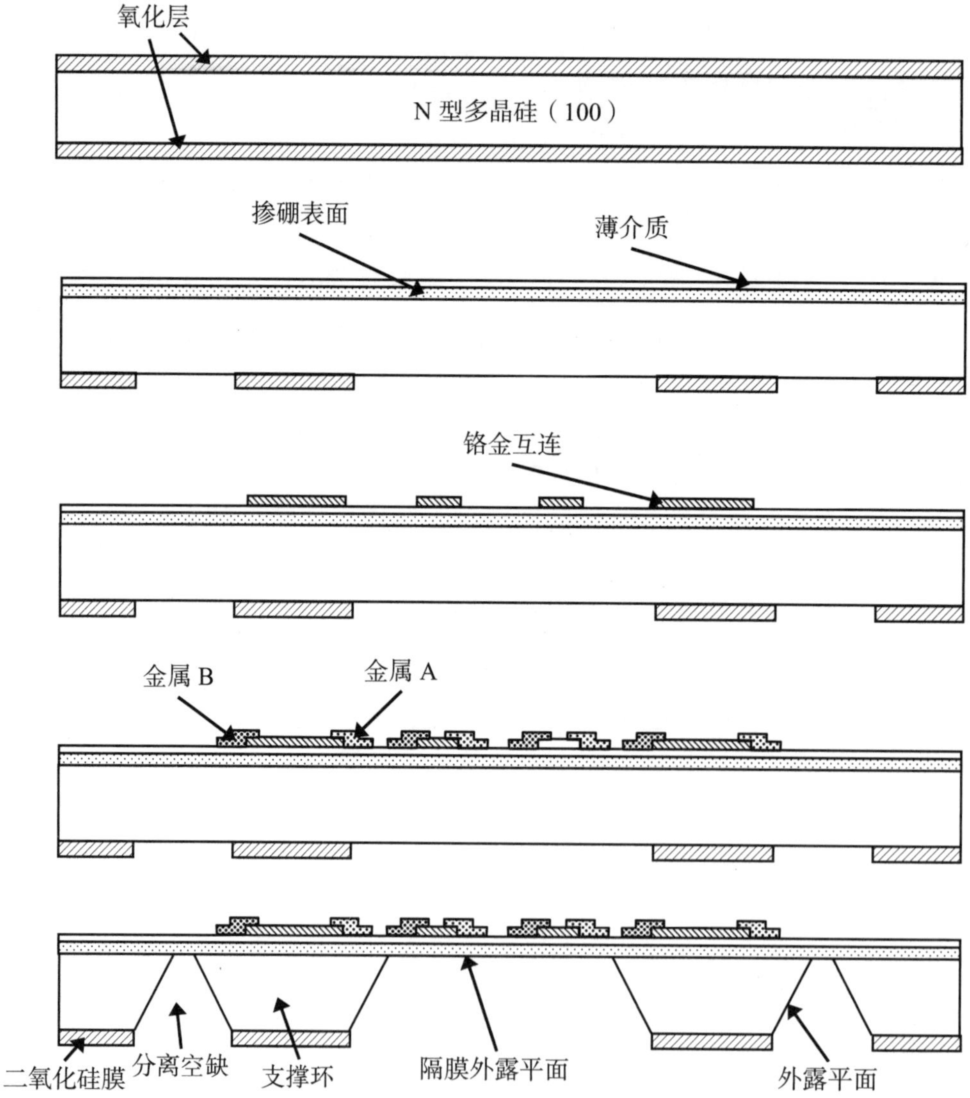

氧化层
N 型多晶硅（100）
掺硼表面
薄介质
铬金互连
金属 B
金属 A
二氧化硅膜
分离空缺
支撑环
隔膜外露平面
外露平面

图6.4　图6.3的热电堆型热型红外探测器的制造工艺

受光部位的薄膜部分，是用EDP液从背面进行刻蚀形成的。使用EDP液的硅刻蚀是异方性刻蚀，高浓度硼掺入层的刻蚀速率实际上可以看作0，所以能够精密控制薄膜部分的形状和厚度。红外线吸收层使用的是铋黑。热电堆材料尝试了Bi/Te、P型多晶硅/Au、N型多晶硅/Au的组合，据报告，任意一种热电堆都得到了10^7cm・$Hz^{1/2}$/W台的D^*。热时间常数为15ms。使用这种技术，开发了16×2像素P型多晶硅/Au热电堆非制冷红外线线性传感器[139]。

热电堆非制冷IRFPA最重要的特点是它与一般的CMOS LSI的制造工艺的兼容性高。ETH苏黎世的研究小组研发了包括红外线吸收层在内，可以用CMOS LSI制造工艺制备的热电堆非制冷IRFPA。用于那些元件的热电堆材料是Al/P型多晶硅和N型多晶硅/P型多晶硅的组合，这些材料在CMOS LSI制造工艺中是常见的材料。他们采用从表面刻蚀硅基板的体微加工（bulk micromachining）技术制作了单像素的探测器[140]。

为了构成二维的热电堆非制冷IRFPA，提出了各种结构。例如，图6.5所示的剖面结构，从背面和表面进行硅刻蚀，在每处薄膜上分配像素[141]。在每处薄膜上分配像素阵列时，需要设置散热部位用于像素间的热隔离。图6.5的示例中，利用了EDP的异方性刻蚀的特点，通过从表面和背面进行硅刻蚀，保留低浓度掺入Si区域，这部分作为像素间的散热装置。在低浓度掺入Si区域形成了像素开关（pixel switch）。研发出了采用这种结构的像素间距为375μm的32×32像素的热电堆非制冷IRPFA。使用的热电堆材料是P型多晶硅和N型多晶硅，对数为32对。

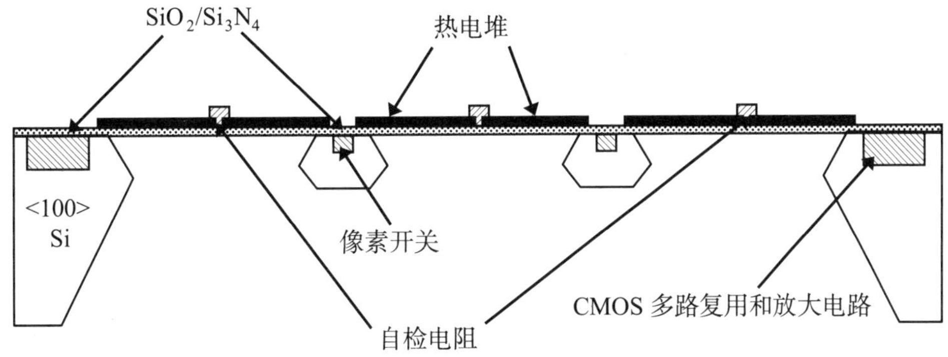

图6.5 由背面和表面进行硅刻蚀制备的热电堆非制冷IRFPA的结构

图6.6展示了另一种二维热电堆非制冷IRPFA的像素结构。这种结构是仅从背面刻蚀制备的，研发了采用这种结构的像素间距为250μm的10×10像素的热电堆非制冷IRFPA[142, 143]。在这种结构中，形成于表面的金线作为像素间的散热

装置工作，分隔像素。金线的厚度为25μm，宽为80μm。这种金线，是采用金凸点的卷带自动结合技术（tape automated bonding technology）制成的。报告称这种非制冷IRFPA的像素间的串扰（crosstalk）在3.6%以下。

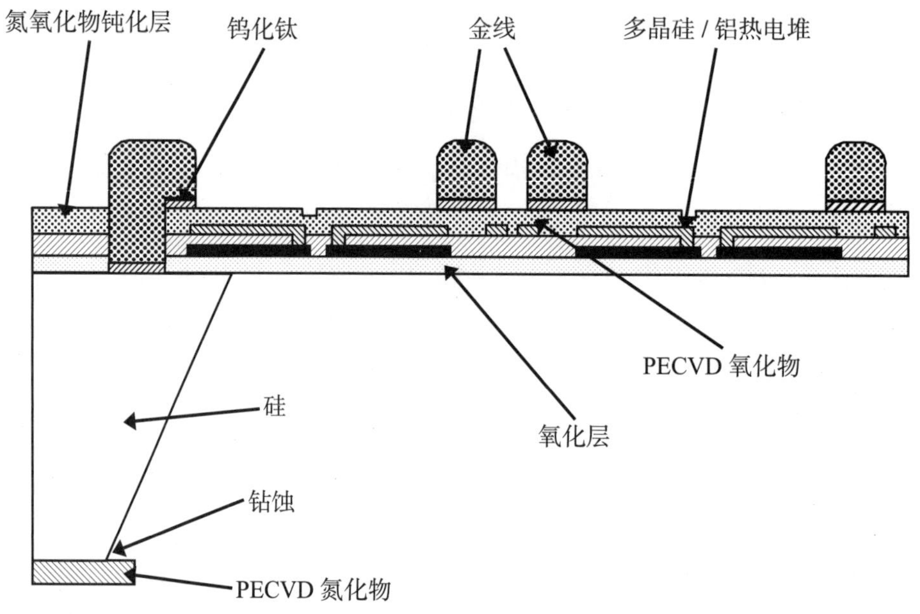

图6.6 金线作为散热装置的热电堆非制冷IRFPA的结构

为形成图6.6的结构，研发了采用KOH的晶圆级体微加工技术。热电堆是由12对N型多晶硅和Al组合，塞贝克系数为108μV/K。也发表了搭载有开发的热电堆非制冷IRFPA摄像模块，报告称使用F/1.0的聚乙烯菲涅尔镜，在0.5fps下让其动作时的*NETD*为530mK。另外，通过将热电堆的布局方法、热导、电阻最适化，开发出了响应度提高3.3倍的相同像素结构的16×16像素元件[144]。

另外，还研发了图6.7所示像素结构的热电堆非制冷IRFPA。

这种结构的热电堆非制冷IRFPA的示例如图6.8所示[145, 146]。该热电堆材料是N型多晶硅和P型多晶硅分别注入$1\times10^{16}cm^{-2}$磷和硼离子制成的，两者的各接点是用铝线连接的。红外线吸收层中采用了厚度为2～3μm的金黑，在8～13μm的波长范围内得到了90%以上的吸收率[58]。金黑是通过将磷硅玻璃剥离形成图案的，这种结构可以通过表面体微加工技术制作。采用这种结构的像素间距190μm的48×32像素和像素间距100μm的120×190像素的热电堆非制冷IRFPA已经开发出来。

热电堆非制冷IRFPA多设计成在大气压下工作，而上述采用表面体微加工技术制备的器件是以在真空中动作为前提设计出来的。真空中动作的热电堆非制

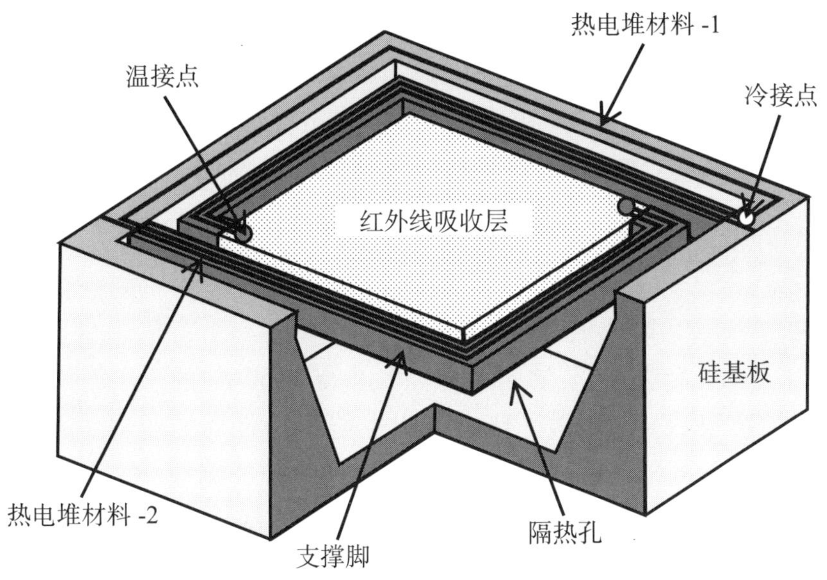

图6.7 表面体微加工技术制备的热电堆非制冷IRFPA的像素结构

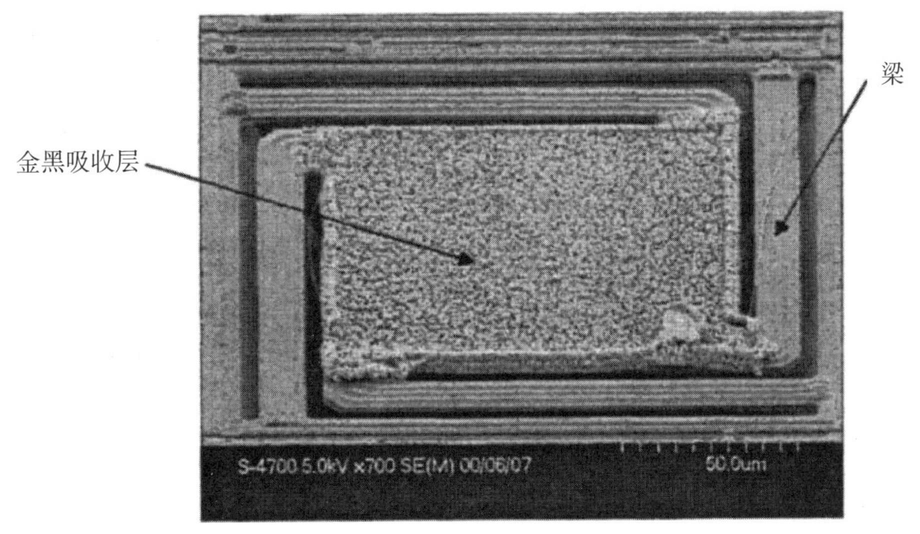

图6.8 表面体微加工技术制备的热电堆非制冷IRFPA
像素结构的像素的电子显微镜照片

冷IRFPA的主要热传递结构与大气压下的不同，是通过支架进行热传递的。因此，对于用于像素结构、支架的材料、图案布局、热电堆对数，需要以在真空中动作为前提探讨。报告指出前文所述的像素间距190μm和100μm的2种元件，最适合的对数分别是6对和2对[145, 146]。最适合条件设计出的48 × 32像素元件，$R_v = 2100\text{V/W}$，$NETD = 0.4\text{K}$（@F/0.7）[145]。

通过表面体微加工技术开发出了热电堆红外探测器层叠在信号读出电路上

的128×128像素非制冷IRFPA[147]，其热电堆材料是掺有10^{19}～$10^{20}cm^{-3}$杂质的P型多晶硅（杂质为硼）和N型多晶硅（杂质为磷），塞贝克系数为300～400μV/K，对数为32对。读出方式采用CCD。热电偶的输出连接于CCD的电荷输入门部分，可以调制输入到CCD的电荷量。层叠的热电堆部分的最小尺寸为0.6μm，以100μm方形像素实现67%的开口率。报告指出采用F/1.0的光学系统时的*NETD*为0.5K。

热电堆方式最重要的特点是可以通过SiLSI工艺制造，但如果使用SiLSI工艺中无法导入的材料，可以得到更高的性能。已经知晓，$(Ba_{1-x}Sb_x)_2(Te_{1-y}Se_y)_3$化合物是热电堆中性能指标最高的材料。这种材料难以制备薄膜，无法导入Si LSI工艺中，相关的热电堆非制冷IRFPA的报告较少，Foote等研发出了采用Be-Te和Be-Sb-Te的热电堆非制冷IRFPA[148～150]。他们试做了几种类型的像素，得出了$2.2\times10^9cm\cdot Hz^{1/2}/W$的比探测率（光源为1000K时）。他们提出了图6.9所示的，用表面体微加工技术制备的Bi-Te/Bi-Sb-Te热电堆非制冷IRFPA的像素结构[150]。

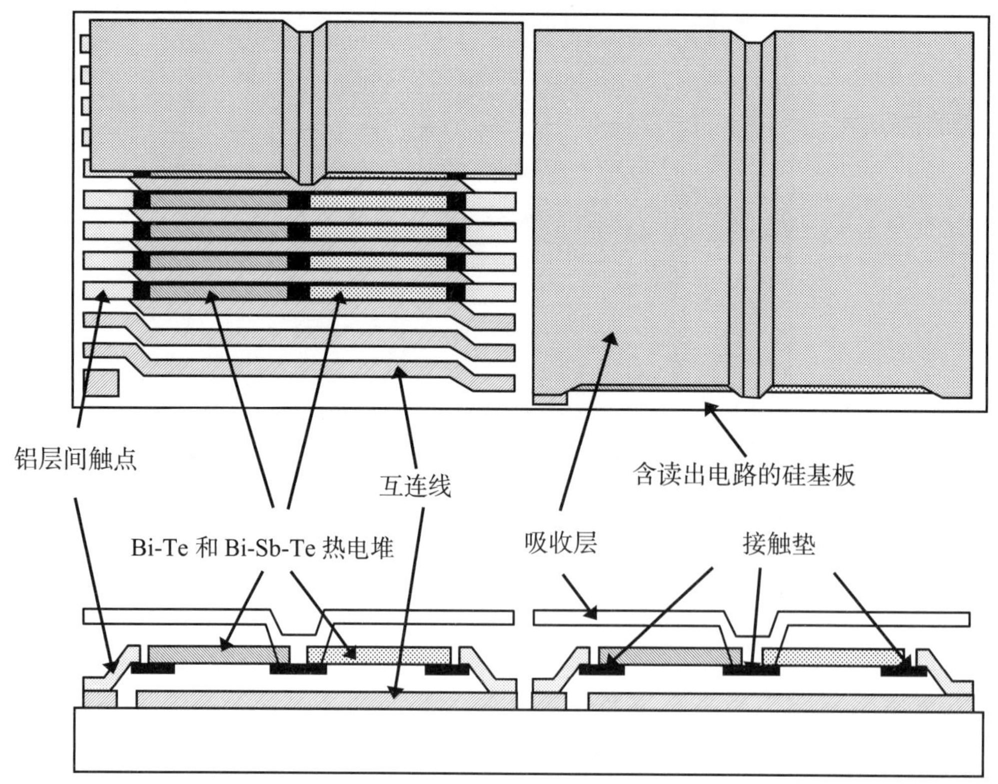

图6.9　表面体微加工技术制备的Bi-Te/Bi-Sb-Te热电堆非制冷IRFPA的像素结构

图6.9中上方的图是平面布局，下方的图是剖面结构。红外线吸收结构由薄薄的Pt层和氮化硅膜组成，安装于热电堆的温接点部分。采取这种结构，即便增加热电堆的对数，也可以得到接近100%的开口率，维持高隔热性。另外，热电堆是从基板抬起悬浮于基板之上的结构，因此可以在被受光部位和热电堆覆盖的基板上配置信号读出电路。

以实现更高性能为目标，研发出了采用AlGaAs[151]和InGaAs[152]的元件。GaAs基板上的AlGaAs热电堆薄膜和InP基板上的InGaAs热电堆薄膜，可以采用具有高选择性的刻蚀液制备。

如本节所述，热电堆非制冷IRFPA的像素结构有各种提案，被实用化的是图6.7中展示的结构，是通过表面体微加工技术制备的。表6.1是市面销售的热电堆非制冷IRFPA的示例。

表 6.1 热电堆非制冷 IRFPA 的示例

公 司	松 下	欧姆龙	蓝碧石	精工 NPC	海 曼	埃塞力达	迈来芯
阵列规格	8 × 8	16 × 16	48 × 47	8 × 8	80 × 64	32 × 32	32 × 24
像素间距	300μm	250μm	100μm	340μm	90μm	220μm	100μm
NETD[1)]	＜ 0.5K	0.15K	0.5K	1.5K	0.05K	0.8K	0.1K[2)]
视 场	60deg	90deg	NA	35deg	41 × 33deg	60deg	110deg
FR 或 TC	10Hz	4Hz	6Hz	＜ 2ms	30Hz	115ms	64Hz[3)]
封 装	AP	真 空	真 空	AP	真 空	AP	AP
参考文献	[39]，[40]	[41]	[42]	[43]，[44]	[45]	[46]	[47]

FR：帧率，TC：时间常数，AP：大气压，NA：数据无法获取。
1) 元件之间测试条件不同。
2) *NETD* 不是在 64Hz 帧率下测量的。
3) 最大读出率。

第7章
二极管IRFPA

7.1 二极管红外探测器的动作

半导体器件的特性是具有温度依赖性，这一点虽然常令电路设计者困扰不已，但这也意味着能够制作将半导体器件用作温度传感器的非制冷IRFPA。正向偏压的PN结二极管从以前开始就被用作接触式温度传感器，将单晶硅二极管用作温度传感器的非制冷IRFPA，可以获得与电阻测辐射热计方式相匹敌的高性能。

扩散电流通过足够高的正向电压V_F使PN结二极管动作时，流入的正向电流I_F为[153]：

$$I_F = A_j \cdot J_S \cdot \exp\left(\frac{q \cdot V_F}{k \cdot T_d}\right) \tag{7.1}$$

$$J_S = K \cdot T_d^{(3+\kappa/2)} \cdot \exp\left(-\frac{E_G}{k \cdot T_d}\right) \tag{7.2}$$

其中，A_j为结面积，J_S为反向饱和电流密度，q为电荷量，E_G为带隙能量，k是由扩散系数和载流子寿命的温度依赖性决定的常数，K是不依赖于温度的常数。

二极管由额定电流驱动时，V_F的温度响应度可以表示为[6]：

$$\left.\frac{dV_F}{dT_d}\right|_{I_P=\text{const.}} = \frac{V_F}{T_d} - \left(3+\frac{\kappa}{2}\right)\cdot\frac{k}{q} - \frac{E_G}{q \cdot T_d} \tag{7.3}$$

根据式（7.3），当正向偏压为0.6V时，计算出在硅二极管温度300K下的温度响应度为2mV/K。串联的二极管的正向电压是相加的，所以可以通过串联二极管增大温度响应度。

式（7.3）的右边只有第2项会受到工艺变动的影响，该项与其他2项相比小到可以忽略，所以温度响应度因工艺变动产生的波动非常小。根据这一特征，可以认为，二极管非制冷IRFPA是非制冷IRFPA中均一性最高、最适合大量生产的方式。

图7.1是用于说明二极管温度传感器动作的电流–电压特性图，此图是T_1和T_2（$T_1 > T_2$）两种温度下电流-电压特性的半对数图，如图7.1所示，电流–电压特性呈直线。在额定电流模式下驱动二极管时，二极管两端的正向电压V_F会随着温度变化。V_F是由各自温度下的反方向饱和电流I_S和直线斜度q/kT_d决定的。决定I_S

的温度依赖性的主要因素是式（7.2）的exp项，如图所示，温度上升的同时V_F变小。二极管非制冷IRFPA中，探测各像素接收的红外线量作为V_F的大小。

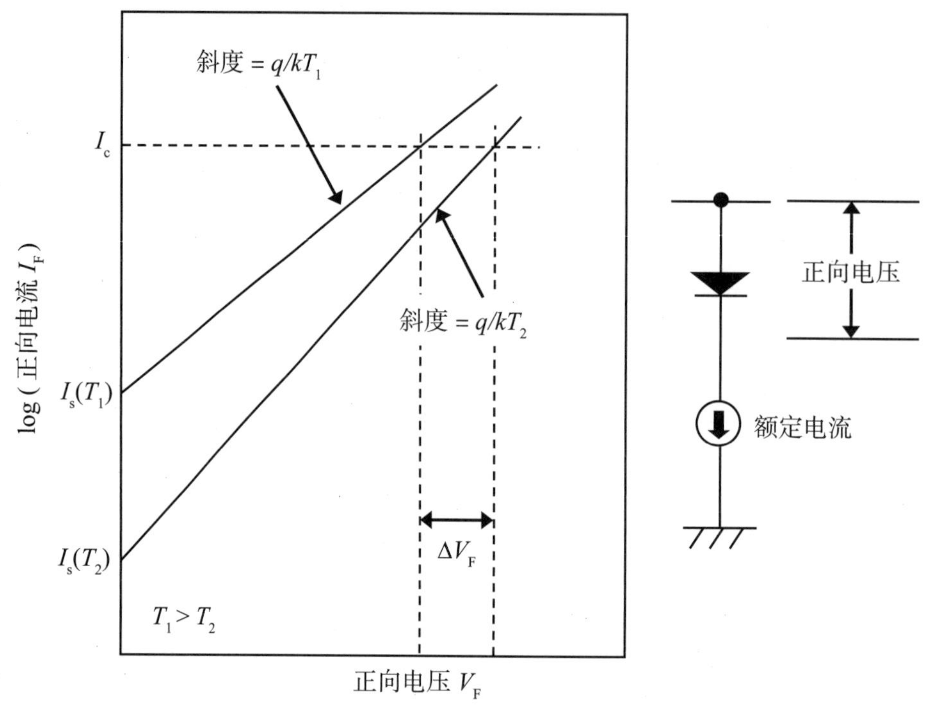

图7.1　二极管温度传感器的动作

二极管主要的噪声是散粒噪声（shot noise）V_{NS}，这种噪声与半导体中的载流子超越势垒移动的结构有关，计算公式为[6]：

$$V_{NS} = \left(2 \cdot q \cdot I_F \cdot B\right)^{1/2} \cdot \frac{dV_F}{dI_F} \tag{7.4}$$

实际上，不仅有散粒噪声，还有二极管内的电阻成分引起的热噪声产生，根据二极管的品质，也会产生1/f噪声的问题。

7.2　硅二极管IRFPA

采用了多晶硅二极管的单像素红外探测器于1990年问世[154]。之后，这种研究发展成了16像素非制冷线性红外传感器[155]和16 × 16像素非制冷IRFPA[156]。图7.2是采用了多晶硅二极管的非制冷IRFPA的像素结构示意图。像素间距为400μm。多晶硅二极管形成于Si_3N_4薄膜上。这种结构是通过使用多晶硅牺牲层的体微加工技术制备的，同一芯片上集结了像素选择用开关和驱动它的N沟道MOS晶体管移位电路。虽然确认了试做的多晶硅二极管非制冷IRFPA的基本动作，但暂态噪声大，D^*为6×10^5cm・$Hz^{1/2}$/W。多晶硅二极管非制冷IRFPA不仅暂态噪声大，FPN也大，这之后便不再有发展了。

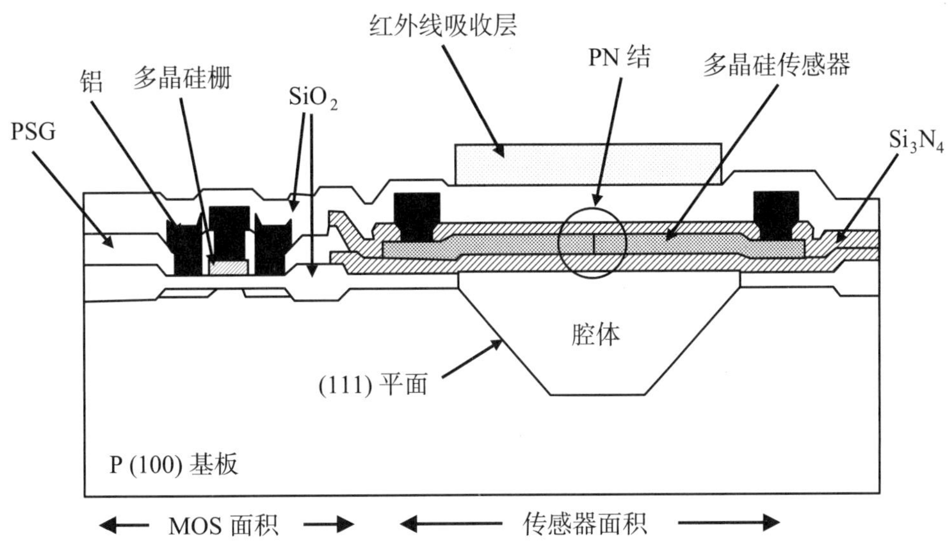

图7.2 采用多晶硅二极管的非制冷IRFPA的像素结构

Ishikawa等，提出了将单晶硅二极管用作温度传感器的非制冷IRFPA[6]。图7.3是他们开发的三种SOI二极管非制冷IRFPA的像素结构示意图。图7.3(a)是最初尝试的像素结构（Type Ⅰ），包含单晶硅PN结二极管的薄膜结构通过两个支撑脚形成于基板内的腔体上[6, 157]。这种像素的热导可以降低到与电阻测辐射热计方式相同的水平。支架包含了来自二端元件——二极管的2根配线，这些配线连接着信号读出电路。

这种像素中，二极管温度传感器、支撑脚、像素阵列内的配线形成于同一平面上，由于无法扩大分摊到悬浮结构受光部位的面积，单层结构的开口率会缩小。因此，温度传感器除了形成的薄膜结构外，另外设置了红外线吸收结构。这种红外线吸收结构是由红外线吸收层、绝缘层、反射膜组成的1/4波长干涉吸收结构。红外线吸收结构是由二极管将形成的薄膜结构和支撑柱热耦合，两者的温度实际上是相等的。双层结构的电阻测辐射热计型非制冷IRFPA的开口率在60%左右，而图7.3(a)的结构可以实现近90%的开口率。

图7.3(a)的像素中，用于红外线吸收层的绝缘层的厚度由对象波长范围决定，吸收LWIR时约为2mm。其结果是，难以减小受光部位的热容量，无法维持热时间常数保持在所需水平的同时缩小热导。为了解决这个问题开发了图7.3(b)

的像素结构（Type Ⅱ）[157，158]。这种结构中，光学共振结构是由悬浮结构上的金属反射膜、其他结构中的薄红外线吸收层，以及它们之间的空间所构成的，其

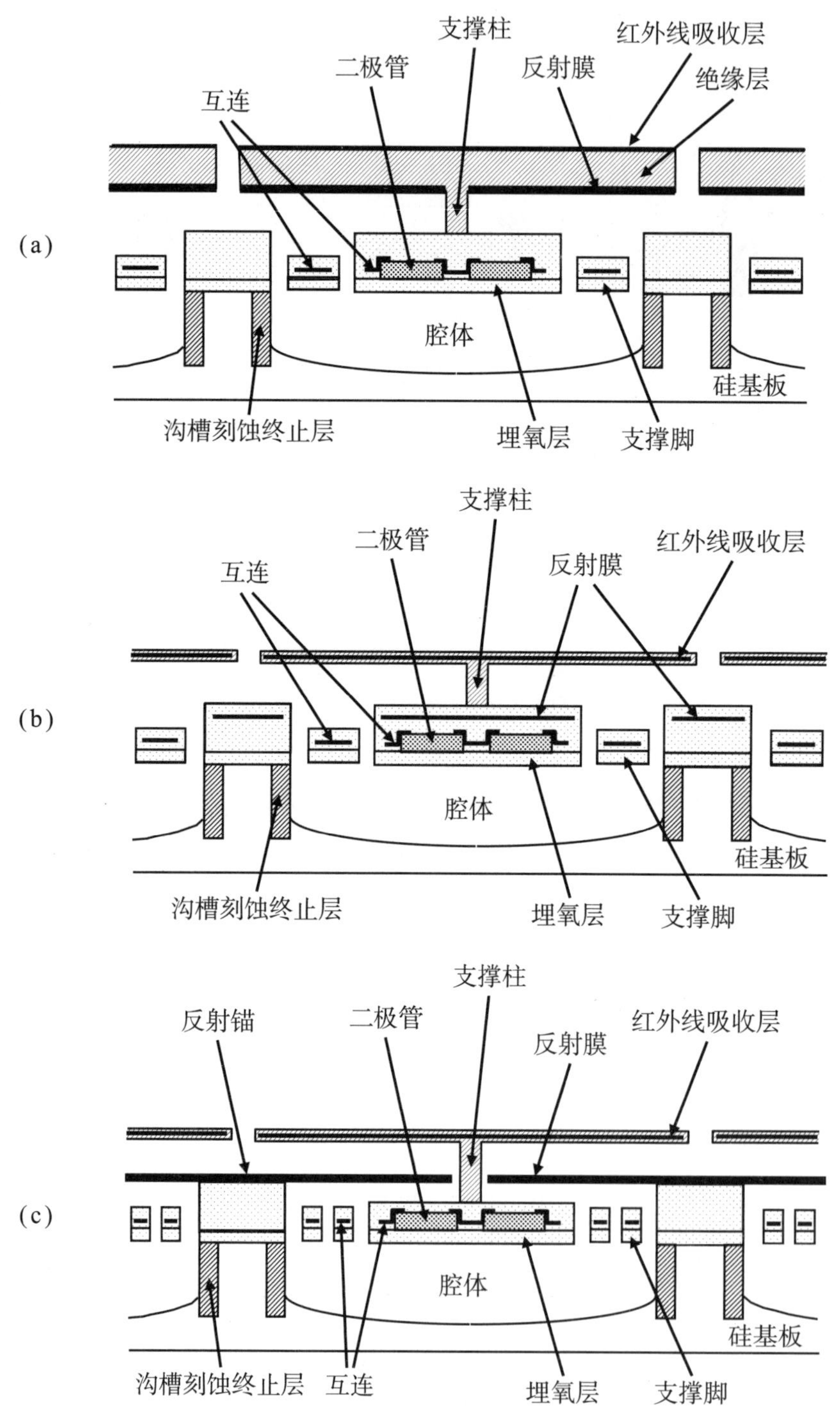

图7.3　SOI二极管非制冷IRFPA的像素结构

吸收波长可以通过金属反射膜和红外线吸收层的距离调整，红外线吸收层可以薄到极限值。

正如第3章中讨论的，为了缩小像素间距但不降低响应度，需要减小热导，为此需要在小面积中配置长支撑脚。图7.3(b)的像素结构中，光学共振结构仅形成于悬浮结构的面积范围内，支撑脚上部的红外线吸收结构的吸收未必充分。为了降低热导，增加占据像素内的支撑脚的面积，吸收不充分的面积会增加，无法得到期望的响应度。在像素间距40μm的元件中，以图7.3(b)的像素结构能够得到足够的性能，但会出现缩小像素间距时红外线吸收率减少的问题。

图7.3(c)这种具有独立红外线反射膜的结构（TypeⅢ），正是为了解决这个问题所开发的[16，157]。这种像素中，在悬浮结构和红外线吸收结构之间设有独立的反射膜结构，这种反射膜在热量方面仅与作为散热装置的基板连接。这种结构中，红外线吸收结构整体作为有效的光学共振结构发挥作用，所以可以得到高的红外线吸收率。而且，这种结构中无须在悬浮结构上形成反射膜，热容量可以小于图7.3(b)的结构。

SOI二极管非制冷IRFPA是由体微加工和表面微加工的组合工艺制备而成的[157，159]。湿法微加工工艺会因粘连引起利用率低下的问题，所以非制冷IRFPA的MEMS工艺最理想的是干法处理。为了制作图7.3所示的SOI二极管非制冷IRFPA的像素结构，开发了干体微加工/表面复合微加工两种技术。一种是用于制作TypeⅠ和TypeⅡ结构的一层牺牲层工艺，另一种是TypeⅢ用的二层牺牲层工艺。

图7.4是用于制作TypeⅢ的SOI二极管非制冷IRFPA的MEMS工艺示意图。形成CMOS信号读出电路和二极管温度传感器后，对第一层的有机牺牲层镀膜、烘烤。通过恰当选择牺牲层材料和镀膜条件，可以将镀层的牺牲层表面平坦化。接下来，去除连接反射膜结构和基板的锚栓的牺牲层，开口、蒸镀反射膜金属、镀膜。图7.4(a)呈现了反射膜金属刚镀膜后的状态。接着，第二层的牺牲层成膜，对贯穿二层牺牲层的红外线吸收结构的支撑柱部位进行开口后，在第二层的牺牲层上制成红外线吸收结构（图7.4(b)）。之后，如图7.4(c)所示，用二氟化氙进行体硅刻蚀，在基板内形成腔体。

二氟化氙刻蚀几乎是各向同性进行的干法刻蚀工艺。为此，在SOI二极管非制冷IRFPA中，在像素外围设置深沟槽刻蚀终止层区域，防止相邻像素下的腔体连接。在基板内刻蚀形成腔体时，SOI基板内的掩埋氧化膜作为刻蚀终止层发挥了保护形成于SOI层（表面的薄的单晶硅层）的二极管温度传感器的作用。最后，如图7.4(d)所示，通过氧等离子体处理去除两个牺牲层完成Type Ⅲ的结构。从像素的中央部分开始进行二氟化氙刻蚀，可以让沟槽刻蚀终止层深度变浅。开发的MEMS工艺中，把二氟化氙进行基板硅刻蚀这一步作为最终工序，使二氟化氙刻蚀从像素的中央部分开始。

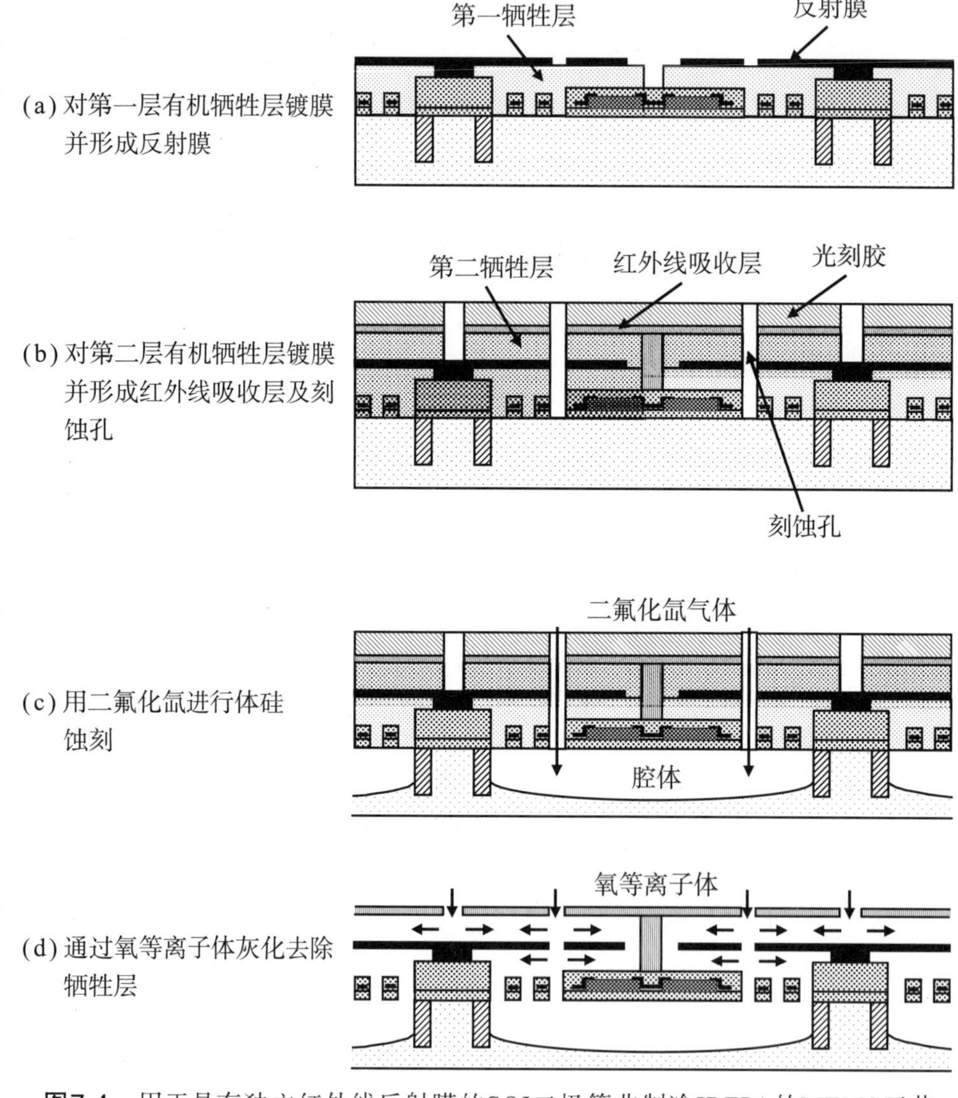

图7.4　用于具有独立红外线反射膜的SOI二极管非制冷IRFPA的MEMS工艺

图7.5是以一层牺牲层工艺制作的SOI二极管非制冷IRFPA的Type Ⅱ像素结构的电子显微镜照片。通过这张照片，可以确认剖面结构和平面布局。像素间距为40μm，红外线吸收结构覆盖了像素面积的90%。

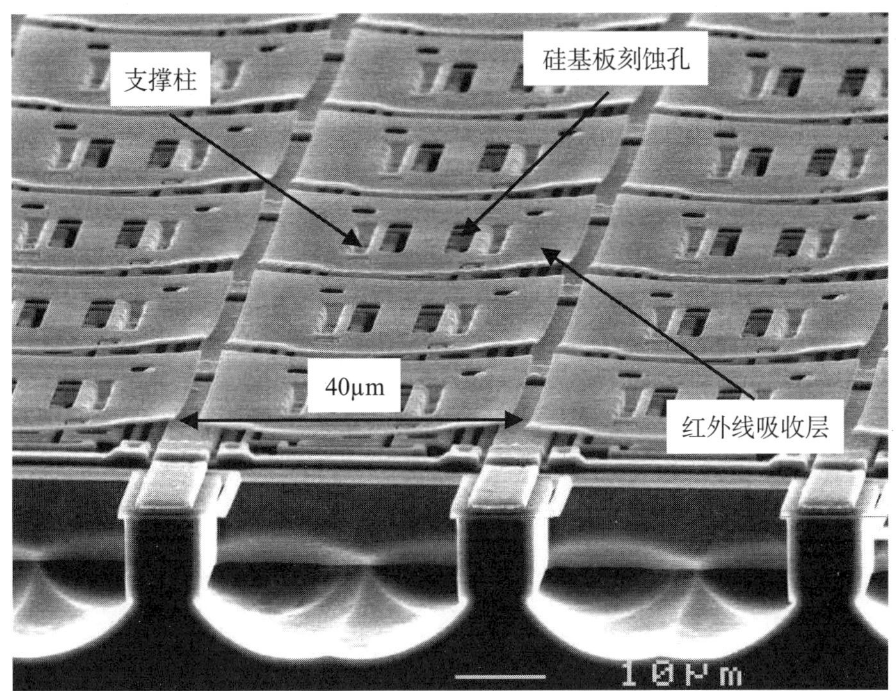

图7.5 一层牺牲层工艺制作的SOI二极管非制冷IRFPA的像素

图7.6是像素间距25μm的像素的电子显微镜照片。像素间距25μm的像素是TypeⅢ结构，由二层牺牲层工艺制备而成。图7.6(a)是像素的三层结构的最下层（二极管温度传感器和支撑脚层），图7.6(b)是能够确认像素的三层结构的红外线吸收结构锚栓部位附近的侧面的电子显微镜放大照片。图7.6(a)的折弯脚的热导为1×10^{-8}W/K。

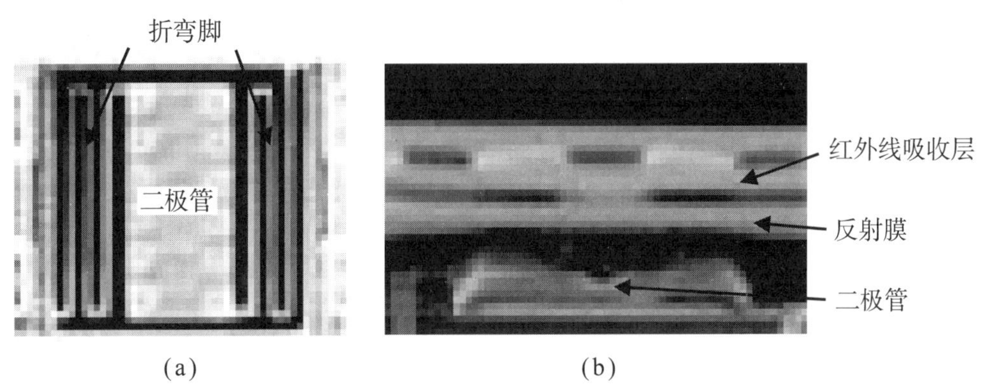

图7.6 二层牺牲层工艺制作的SOI二极管非制冷IRFPA的像素

图7.7是SOI二极管非制冷IRFPA的信号读出电路构成示意图。二极管温度传感器在正向偏压状态下动作。这种动作方式中，非选择的像素二极管被反向偏压，变为被列信号线自动断开的状态，不需要像素选择用晶体管。通过垂

直移位寄存器（vertical shift register）按1个水平周期选择1行像素。在列信号线出现的选择像素的信号，会被设置在像素阵列外侧的积分电路积分。如图7.7(b)所示，积分电路将列信号线电压作为输入，通过MOS晶体管对积分电容的电荷进行放电。积分结束时，信号被传送到采样保持电路（sample and hold circuit），通过在持续的水平周期内驱动水平移位寄存器（horizontal shift register）依次读出至外部。每个像元的信号积分时间相当于1个水平周期的时间（准确来说，是减去从1个水平周期到采样保持电路的信号传送时间的时间）。信号读出电路需要较高的电压来驱动，所以信号读出电路用的晶体管不是形成于SOI层，而是形成于埋氧层下的体硅上。

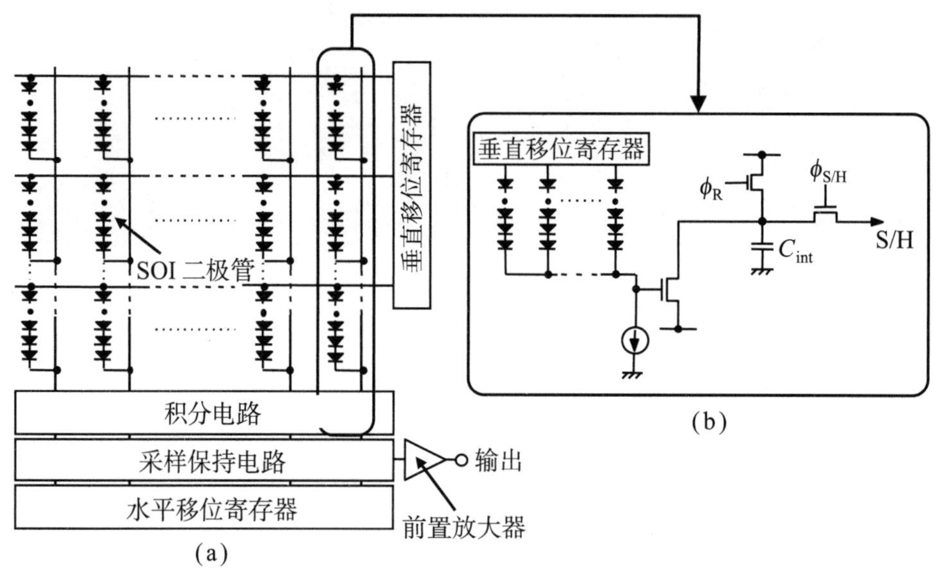

图7.7 SOI二极管非制冷IRFPA的信号读出电路构成

至此，开发了像素间距从40μm到15μm、像素数从320×240像素到2000×1000像素的SOI二极管非制冷IRFPA[16, 29, 34, 160, 161]。最初开发的像素间距40μm的元件，拥有TypeⅡ的像素结构，但像素间距25μm以后则采用了TypeⅢ的结构。报告表明，像素间距25μm第一代的640×480像素非制冷IRFPA的*NETD*为40mK（@F/1）[34]。这种IRFPA的摄像示例如图7.8所示。之后，开发出了能够减小二极管的隔离区面积的二极管布局和接线方式[160]，通过增加配置在小小像素内的二极管的数量，可以提高响应度，报告称第二代的640×480像素非制冷IRFPA的*NETD*降低到了21mK（@F/1）[161]。

图7.8　像素间距25μm的640 × 480像素的SOI二极管非制冷IRFPA的摄像示例

表7.1汇总了SOI二极管非制冷IRFPA的规格。

表 7.1　SOI 二极管非制冷 IRFPA 的规格

阵列尺寸	320 × 240	320 × 240	320 × 240	640 × 480	640 × 480	2000 × 1000
像素尺寸	40μm × 40μm	28μm × 28μm	25μm × 25μm	25μm × 25μm	25μm × 25μm	15μm × 15μm
芯片尺寸	17.0mm × 17.0mm	13.5mm × 13.0mm	12.5mm × 13.5mm	20.0mm × 19.0mm	20.0mm × 19.0mm	40.3mm × 24.75mm
二极管数量	8	6	6	6	10	10
总热导	1.1×10^{-7}W/K	4.0×10^{-8}W/K	1.6×10^{-8}W/K	1.6×10^{-8}W/K	NA	NA
响应度	930μV/K	801μV/K	2842μV/K	2054μV/K	6600μV/K	NA
噪　声	100μVrms	70μVrms	102μVrms	83μVrms	140μVrms	NA
不均匀性	1.46%	1.25%	1.45%	0.90%	0.60%	0.56%
NETD（@F/1.0）	110mK	87mK	36mK	40mK	21mK	65mK

此外，还开发了上述以外的将单晶硅二极管用作温度传感器的非制冷IRFPA。发挥电化学刻蚀的特点在基板内形成腔体正是其中的一个例子[162]。这种二极管非制冷IRFPA与SOI二极管方式不同，除了最后的基板刻蚀工序，其他的都可以通过标准CMOS技术制备。这种方式中，CMOS工艺结束后，将CMOS工艺制成的结构作为掩模，因为会形成基板刻蚀用的刻蚀孔，在后硅工序不需要追加掩模了。通过这种技术，开发了像素间距40μm的128 × 128像素的非制冷IRFPA[163]。报告称，该元件是利用0.35μm的CMOS代工厂工艺试做而成的，开口率为44%，热导为1.8×10^{-7}W/K。

也有采用肖特基势垒二极管作为温度传感器的非制冷IRFPA的提案[164]。这种非制冷IRFPA利用了肖特基势垒二极管的暗电流的温度依赖性传感温度，肖特基势垒二极管是在反向偏压下动作的。动作温度依赖于肖特基势垒的势垒高度，所以使用势垒高度低的二极管时需要冷却元件。最适化元件可以得到6%/K大的暗电流温度依赖性，有可能得到*NETD* = 6mK的性能。

第8章

双材料型和热光型IRFPA

到目前为止介绍的热型红外探测器，使用的是将温度变化转换为电气变化的温度传感器。温度传感器中，有通过温度变化探测机械式位移的传感器，可以使用这种温度传感器制作红外探测器。Oden等用热膨胀系数不同的材料层叠而成的薄膜结构进行了红外线探测的原理验证[51]。

Oden等的研究朝着Sarnoff研究所（后来独立为Sarcon）的双材料非制冷IRFPA的开发发展[165, 166]。图8.1是双材料热光型探测器的动作原理示意图。这种双材料热光型探测器的悬臂梁是双材料结构，温度变化引起的薄膜结构的变形，被转换为悬臂梁电极和固定电容器电极构成的电容器的容量变化[167]。

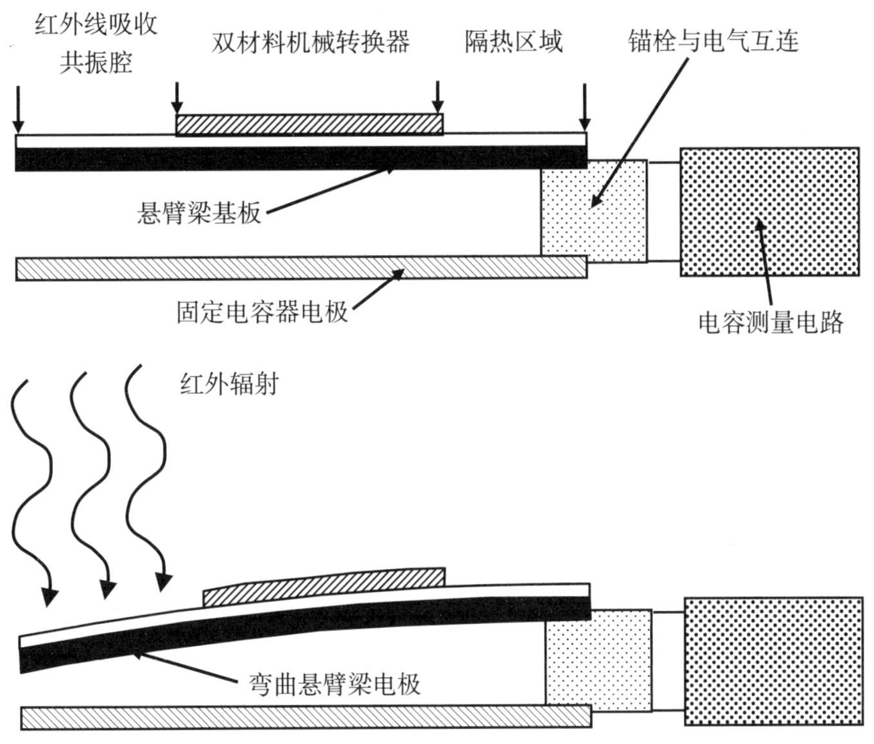

图8.1　双材料非制冷IRFPA的动作原理

Sarnoff研究所的双材料非制冷IRFPA的像素，由红外线吸收部位、双材料部位、隔热区域3个部分构成。红外线吸收部位吸收射入的红外线，将红外线能量转换为热能，提升红外线吸收部位和双材料部位的温度。双材料部位的两种材料互相紧密结合，所以温度变化时，会发生同等大小的尺寸变化。因此，温度上升时，热膨胀系数小的薄膜材料会产生拉伸应力，热膨胀系数大的薄膜材料会产生压缩应力，这种应力梯度导致双材料部位变形。作为双材料的材料，探讨了无定形碳化硅/铝和无定形碳化硅/金的组合。无定形碳化硅的热膨胀系数为4×10^{-6}/K，比铝和金小，而它的热导率为0.35W/m・K，比SiLSI工艺中使用的其他介质膜的热导率小。

图8.2是碳化硅/铝双材料非制冷IRFPA的像素剖面结构和平面设计示意图。报告指出模拟厚0.2μm、长50μm的双材料结构时，可以得到0.18μm/K的机械性变形响应度，考虑使用初始间距为0.5μm的电容器，电气灵敏度（容量温度系数）为36%K。这种元件的电气灵敏度相当于电阻测辐射热计的TCR（使用半导体时约2%K左右），像素间距50μm的碳化硅/铝双材料非制冷IRFPA预计可以得到5mK的*NETD*（@F/1.0）[165]。

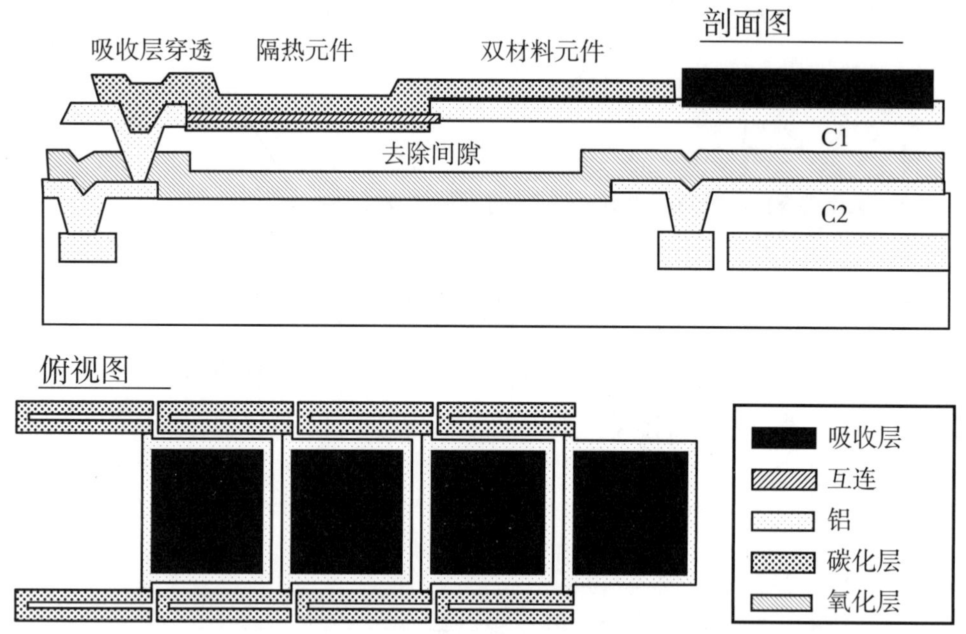

图8.2　碳化硅/铝双材料非制冷IRFPA的像素剖面结构和平面设计

在双材料型非制冷IRFPA的元件开发中，为解决因材料的应力控制、锚栓的制造技术、牺牲层材料和去除工艺、红外线吸收结构的设计、脉冲通电读出引起的薄膜振动等的问题付出了诸多努力[168]。但是，所开发的像素间距50μm的320 × 240像素双材料非制冷IRFPA的*NETD*仅限于1.8K。另外，也确认了*NETD*和它的波动对温度有很强的依赖性[165]。虽然得到这种悲观的结果，但Sarcon的技术由其他企业继承，继续在性能改善上努力[169]。

双材料结构的变形也可进行光学测量，所以开发了几种光学读出双材料非制冷IRFPA[170~172]。Ishizuya等开发了像素间距55μm的266 × 194像素光学读出双材料非制冷IRFPA[171]。该元件的像素结构和光学读出方法如图8.3所示。在光学读出方式中，因不需要隔热的悬浮结构上的温度传感器和连接信号读出电路的金属配线，降低热导比电阻测辐射热计方式容易，像素结构和制造工艺可以简化。

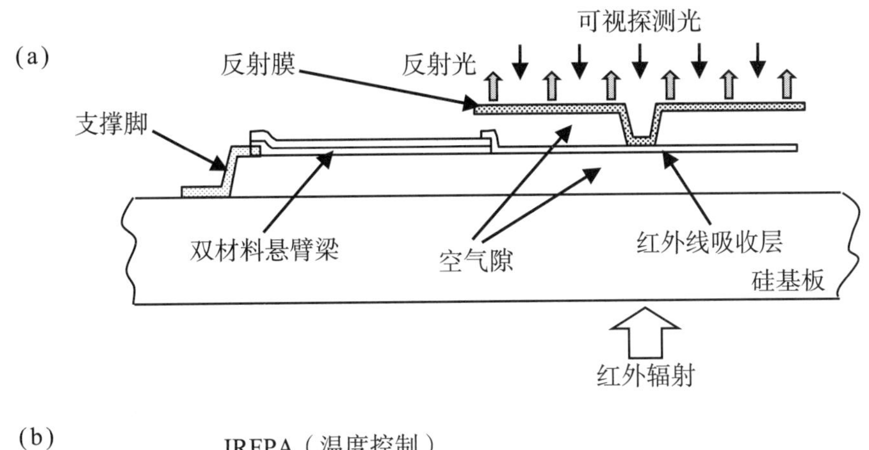

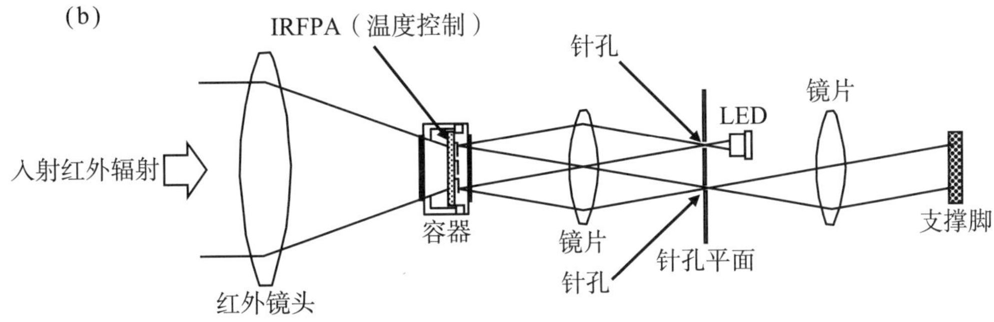

图8.3　光学读出双材料非制冷IRFPA的像素结构和红外相机的构成

由于LWIR波长范围的红外线可以穿透薄硅基板，所以Ishizuya等的光学读出双材料非制冷IRFPA采用了背面入射方式。图8.3(a)的结构中，形成于红外线吸收部位的反射膜结构体的倾斜度会随着双材料悬臂梁部位的温度变化而变化。反射膜结构体的倾斜度如图8.3(b)所示，从元件上面接收可视探测光，它的反射光作为光强度变化，由CCD探测出来。CCD接收的光是可视光，所以如果将CCD置换为人的眼睛，可以组成直视型非制冷红外成像装置。

Zhao等也开发了光学读出双材料非制冷IRFPA[172]。他们采用的方式的基本结构与Ishizuya的方式相同，将激光用作读出用的光源，利用像素内的悬浮结构部位边沿和基板散射光的干涉，测量双材料结构的变形。报告指出，运用这种方式，试做了像素间距65μm的300 × 300像素的光学读出双材料非制冷IRFPA，在F/1.0的光学系统中，以10fps驱动时*NETD*为200mK。

此外，还开发了既不使用电气输出温度传感器也不使用机械变形温度传感器的热光型非制冷IRFPA。具有代表性的例子有利用法布里佩罗可调谐滤波片穿透特性的温度特性的方式及利用在顺电相（paraelectric phase）下动作的电气光晶体（electrooptical crystal）的方式[174]等。

采用法布里佩罗可调谐滤波片的热光型非制冷IRFPA的像素和使用该元件的红外相机的构成如图8.4所示。由无定形硅和氮化硅膜构成的法布里佩罗干涉滤波片的热光系数（thermo-optical coefficient）在300K左右时为2.3×10^{-4}/K，具有0.06nm/K的穿透特性的温度依赖性。

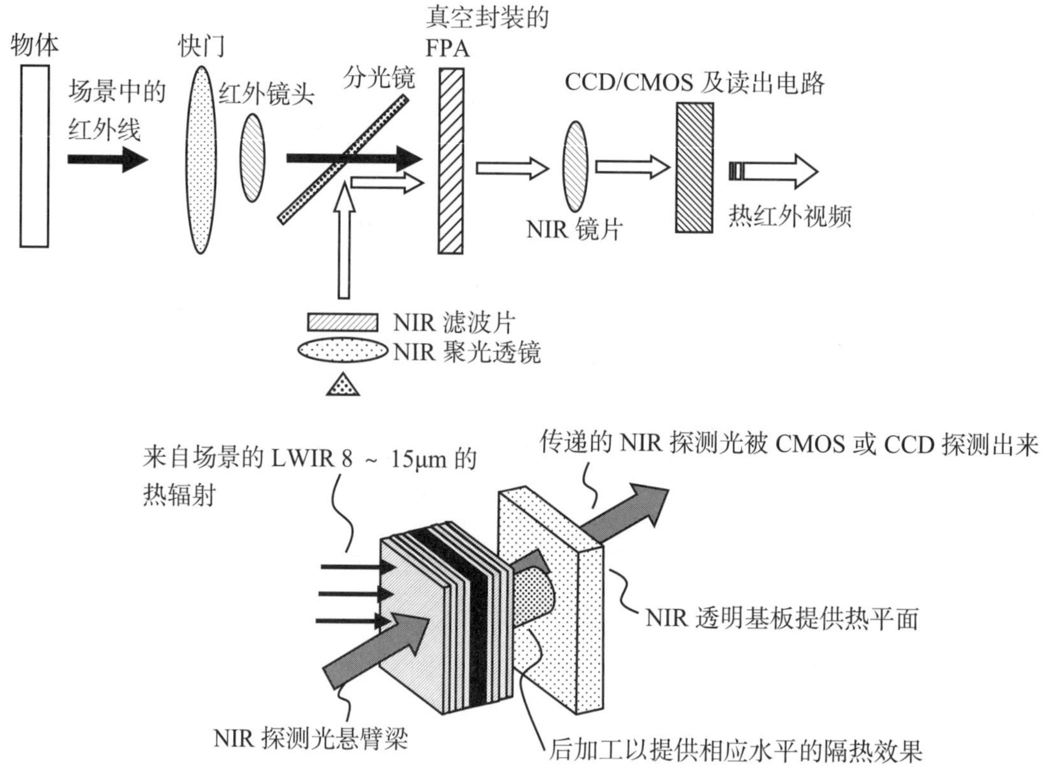

图8.4　采用法布里佩罗可调谐滤波片的热光型非制冷IRFPA的像素和红外相机的构成

法布里佩罗可调谐滤波片型非制冷IRFPA是由在近红外领域透明的基板材料上，将被分别隔热的小滤波器二维排列所构成的。如图8.4所示，红外成像是在非制冷IRFPA上成像，随着成像的红外线强度的分布在滤波阵列中产生温度分布。在这种非制冷IRFPA中，均匀的近红外探测光也可以穿透分光镜射入，经非制冷IRFPA上的各像素过滤的近红外穿透光在CCD或CMOS近红外图像传感器上成像。

图中所示的红外相机，可以以上述构成将非制冷IRFPA上的红外线强度分布转换成近红外强度分布。这种方式下，近红外探测光的放射光谱和其峰值波长与像素滤波片的穿透光谱变化最大的波长范围一致时能够得到最大响应度。作为热光型非制冷IRFPA，开发了具有六角形及中空支撑脚的像素间距50μm的160 × 120像素的非制冷IRFPA，报告指出采用F/0.86的光学系统，以20fps的帧率驱动时，可以得到280mK的*NETD*。

第9章

非制冷IRFPA的真空封装技术

9.1 真空封装的必要性

如第3章讨论的那样，非制冷IRFPA的封装内部的环境（气体的种类和压力）会反映热性质，对非制冷IRFPA性能产生很大影响，所以高性能非制冷IRFPA要真空封装。本章会介绍非制冷IRFPA的真空封装技术。

图9.1是非制冷IRFPA的相对响应度与封装内部压力依赖性的计算示例。该示例中，封装内部的气体是氮气，像素间距为50μm，支架的热导为1×10^{-7}W/K，在1000Pa以下氮分子的平均自由程比受光部位–基板间的距离长，通过气体的热传递是由分子流模型操控的。响应度随着压力的下降而增大，因为它在1～0.1Pa以下饱和，所以要以高于这个的真空度封装，即便达到了元件要求的寿命也需要维持其真空度。

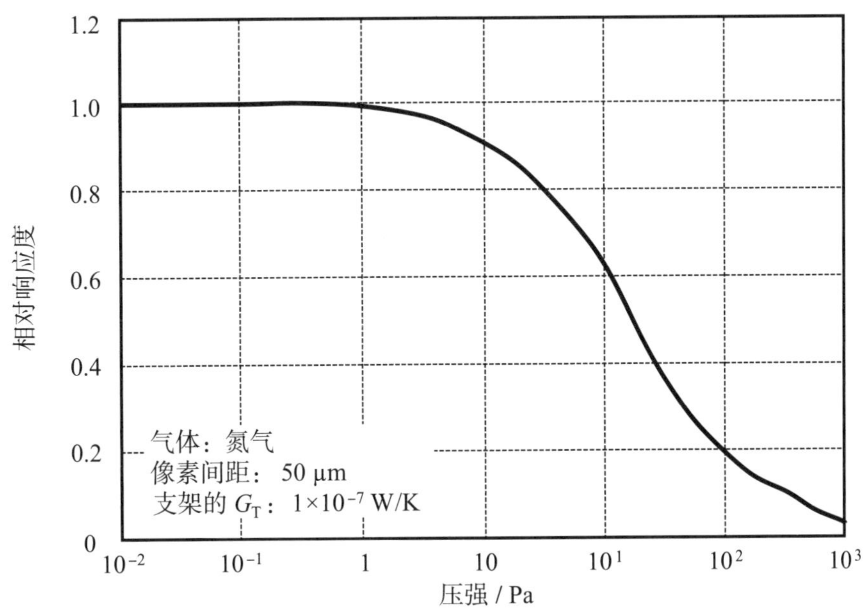

图9.1 非制冷IRFPA的相对响应度与封装内部压力依赖性

如图9.2所示，气体的热导率依赖于分子量，分子量越大的气体，其热导率越小。因此，相比于填充了氮气的非制冷IRFPA，填充了氩气或氙气的非制冷IRFPA的响应度更高。氙的热导率是氮的1/5左右，气体置换的效果取决于像素设计，改善率小于5倍。

图9.3是支撑脚为低热导的热电堆热型红外探测器的相对响应度压力依赖性（环境为具有与氮基本相同的热导率的空气）和大气压下氙气中的响应度的测量结果。从该示例中可以看出，替换为氙气响应度可提高4倍，这相当于氮气填

充下100Pa左右的响应度，与高真空中的响应度相比非常低。从该结果我们可以认识到，对于追求极限感应度的红外成像用非制冷IRFPA而言，真空封装是必需的。

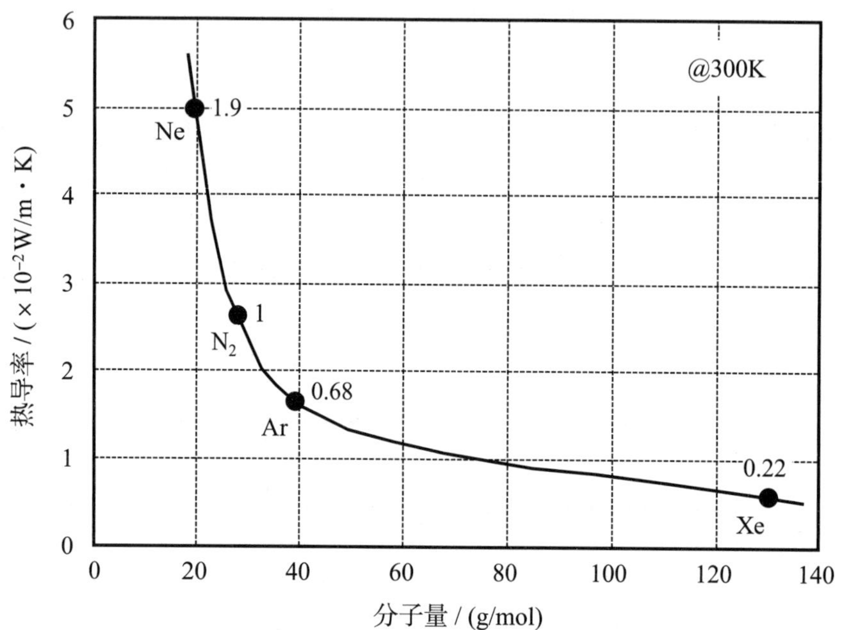

图9.2　气体的热导率的分子量依赖性
（图中的数值是以氮气分子量为基准的相对分子量）

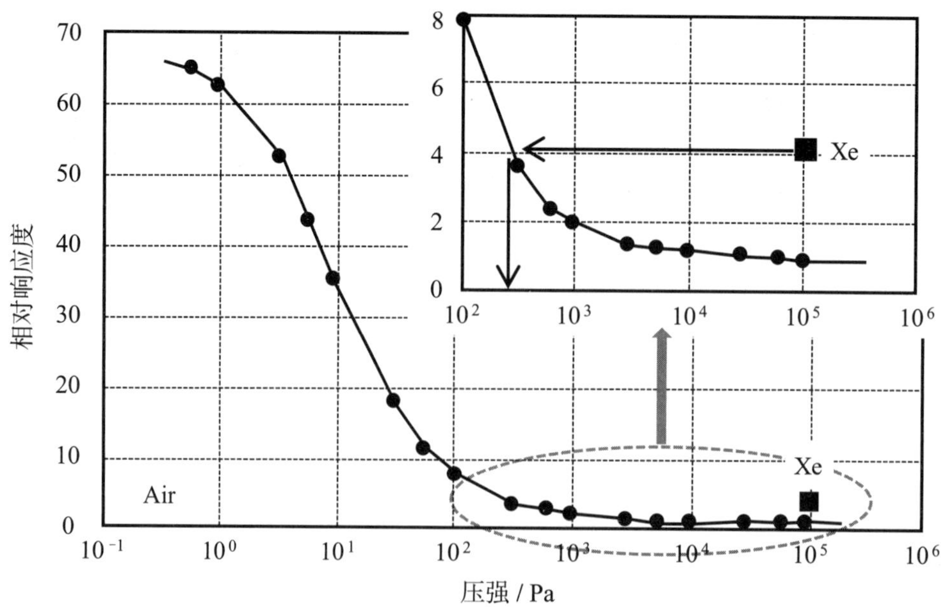

图9.3　非制冷IRFPA的相对响应度的压力依赖性（空气）和氙气封存的效果

9.2 初期的真空封装技术

图9.4是初期的VOx电阻测辐射热计非制冷IRFPA[15]的真空封装构成示意图[1]。这种封装的构件，为了减少气体排出，是通过清洗、烘烤、铜焊或锡焊组装而成的。在封装内，存储了维持高真空用的锆吸气剂和保持非制冷IRFPA一定温度的佩尔捷元件。这种封装，是通过安装佩尔捷元件和非制冷IRFPA后将窗口部位接合，对每个元件都长时间抽真空，最后切断抽真空软管来进行真空封存的。

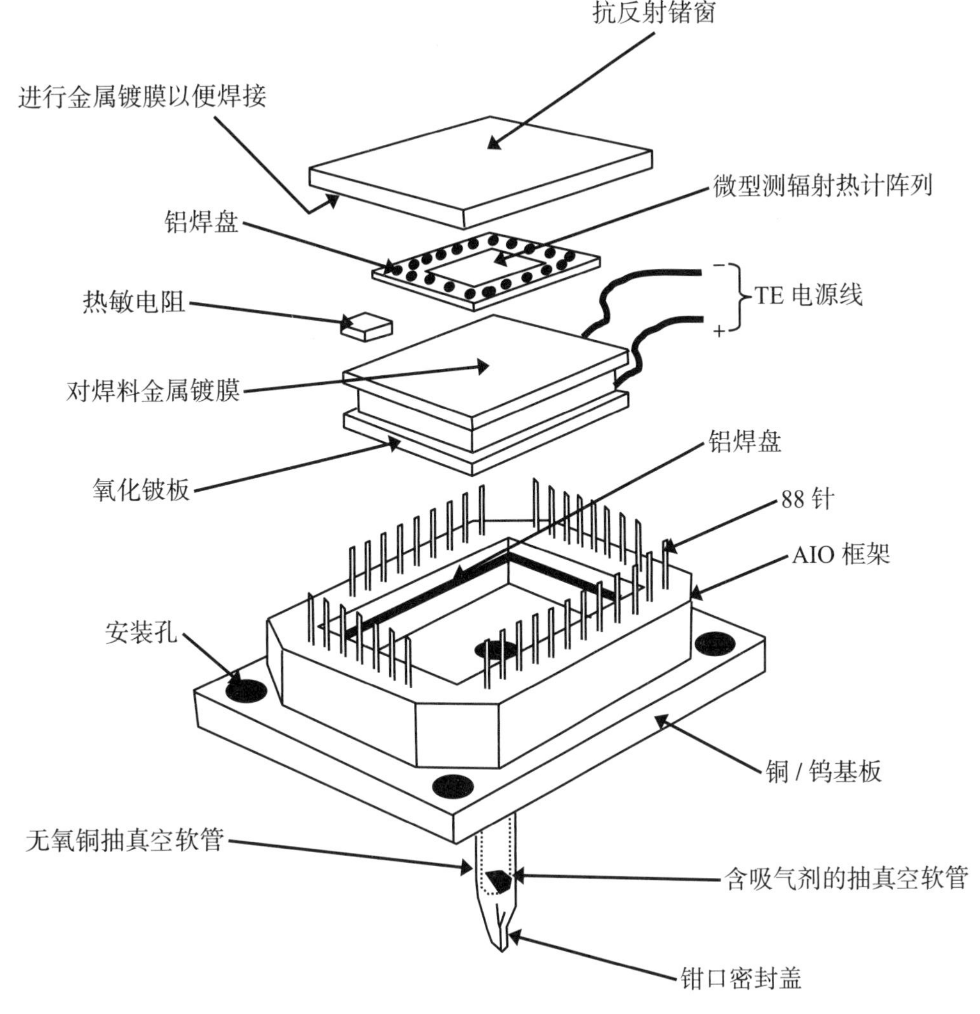

图9.4 初期的电阻测辐射热计非制冷IRFPA用封装

9.3 低成本化的改善

9.3.1 晶圆级真空封装

图9.4所示的真空封装工艺，成本高，不适用于量产。这种封装的问题点在于真空封存处理需要对每个元件进行处理，所以我们要寻找能够一并处理多个元件的方法从而实现生产性提高和低成本化。以晶圆为单位进行真空封装的晶圆级真空封装是一种可以一次性真空封存多数的非制冷IRFPA的低成本的真空封装技术。

Cole等开发了IVP（integrated vacuum package）技术[175]，这是一种可以把由硅盖帽晶圆和非制冷IRFPA晶圆组成的键合晶圆一并真空封存的晶圆级真空封装技术。IVP的结构如图9.5所示。晶圆键合通过锡铅焊料进行。IVP的真空空间容积非常小，哪怕是晶圆键合中一点点的排气都会使真空度劣化，所以进行真空封装前需要充分烘烤。非制冷IRFPA晶圆中留有抽真空的孔，在键合状态进行抽真空，通过在非制冷IRFPA背面蒸镀金属封堵抽真空的孔进行封存。盖帽晶圆使用了浮区（floating zone：FZ）法制作的厚度为250μm的硅基板。硅在LWIR波长范围下的吸收系数比锗大，从穿透率的角度来说，虽然不是最适合的材料，但因为盖帽晶圆的厚度薄，在实际使用上没有问题。另外，由于FZ Si的含氧供

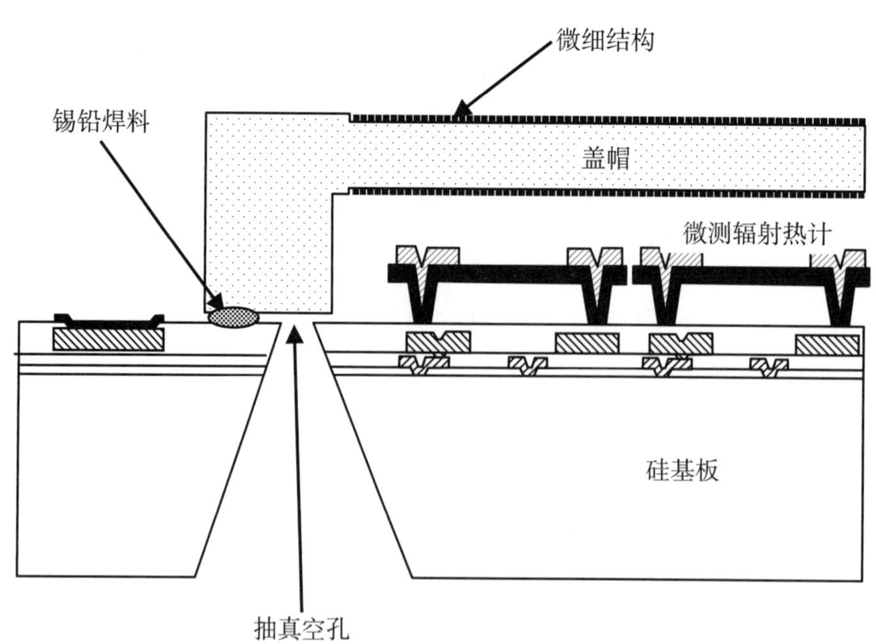

图9.5　IVP的剖面结构

体密度小，也可以抑制CZ硅中可见波长9μm左右的含氧供体的吸收。硅析出状态下表面反射大，所以为了防止反射到盖帽晶圆的两面，制作了次波长的微细结构。

Cole等的技术虽然没有达到实用化，但随着图9.6所示工艺的晶圆级真空封装的开发的推进，也逐渐出现了适用于产品的案例。这种晶圆级真空封装，是在真空中将IRFPA晶圆和盖帽晶圆键合进行真空封存，然后切割分离成一个个元件。

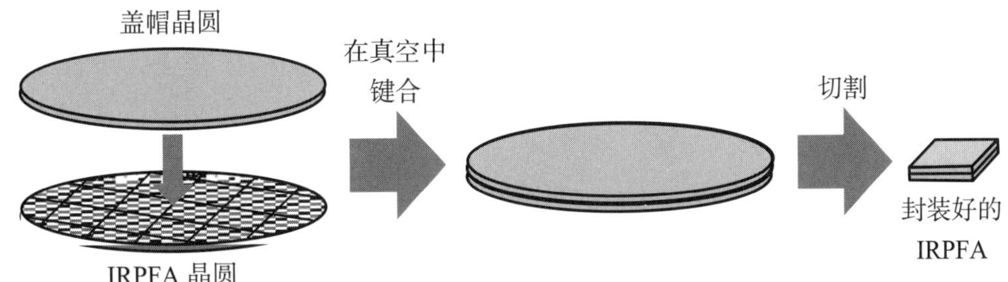

图9.6 在真空中进行晶圆键合的晶圆级真空封装

图9.7是用晶圆级真空封装技术制成的非制冷IRFPA的剖面结构示意图[135，136]。图9.7呈现的是切割前的状态。为了与像素阵列分割，盖帽晶圆中设置了腔体，真空腔体中为了维持真空蒸镀了吸气剂。采用焊接进行封存。为了进行焊接，感光晶圆和盖帽晶圆的键合部位进行了金属镀膜。盖帽晶圆是硅。

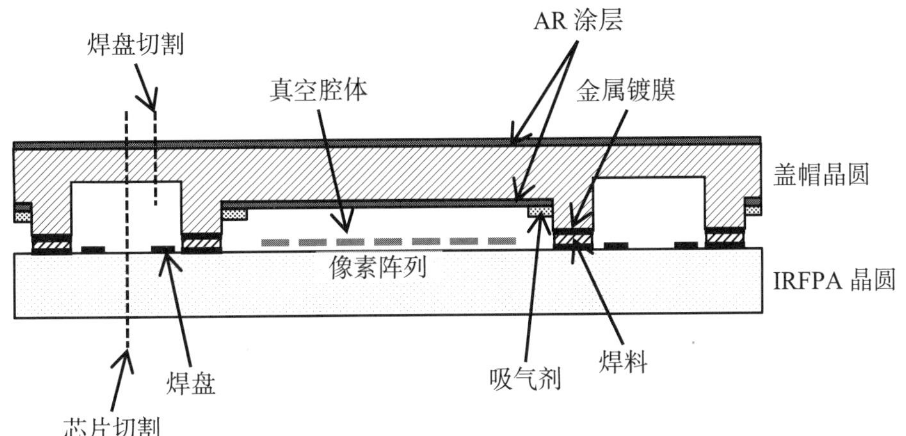

图9.7 晶圆级真空封装技术制成的非制冷IRFPA的剖面结构（切割前）

非制冷IRFPA的内部电路的配线横跨焊接封存部分，穿至真空腔体外部，切割时，会去除焊盘部分的窗口晶圆形成开口。焊接具有填充性，配线存在凹凸的区域也可以密封。经过加工的晶圆会因形成于表面的膜的应力而翘曲，为了键合两片晶圆，需要向晶圆施加力使其平坦化。焊料熔化状态下向晶圆施加力会导致焊料外溢至键合部位外。因此，为了保持焊接层的一定厚度，可以看作形成了垫片（图中未示出）。

关于盖帽晶圆的制造，虽然没有详细报告，但图9.8给出了推断的盖帽晶圆的制造工艺。最初进行硅刻蚀，形成真空部分和焊盘开口部位的凹陷，这样的加工在MEMS技术中是很普遍的；然后，在两面蒸镀抗反射膜；接着，在真空腔体凹坑内形成吸气剂沉积层；最后，形成焊接用的金属镀膜和焊接层，盖帽晶圆就完成了。

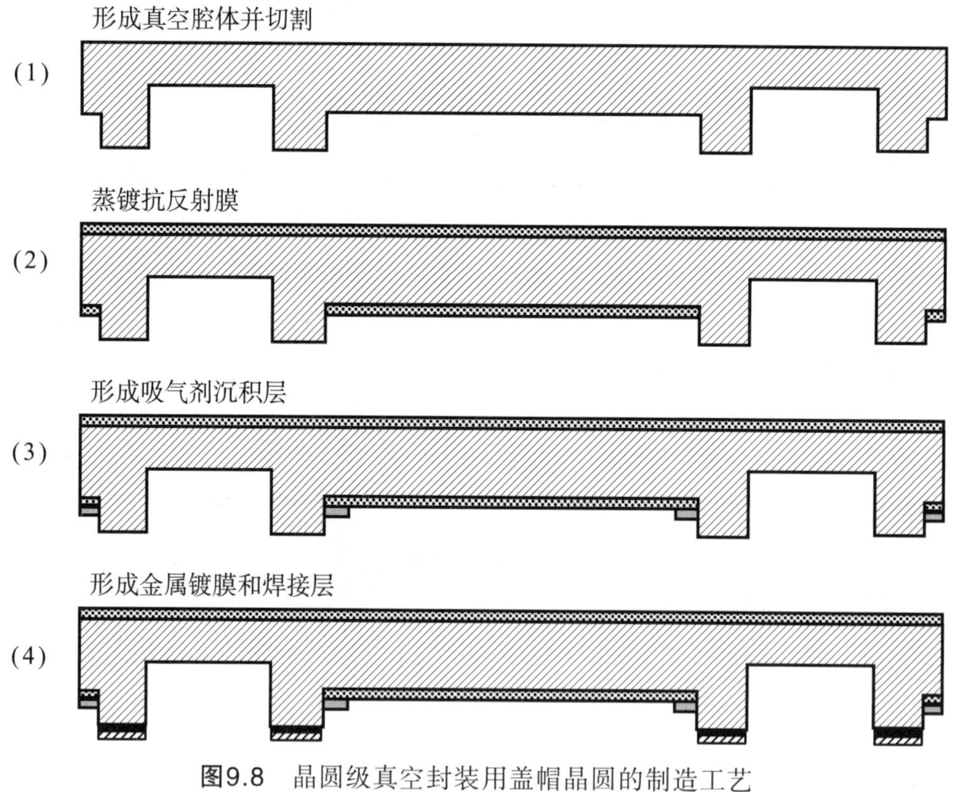

图9.8　晶圆级真空封装用盖帽晶圆的制造工艺

图9.9和图9.10展示的是进行晶圆级真空封装前的感光晶圆和盖帽晶圆的外观及被切割的非制冷IRFPA的外观。

图9.9 进行晶圆级真空封装前的感光晶圆和盖帽晶圆

图9.10 晶圆级真空封装后被切割的非制冷IRFPA

图9.11展示了使用多个镜片形成的镜面晶圆替代晶圆级真空封装的窗口晶圆的晶圆级光学元件的构想图[129]。用于焦点调整的晶圆垫夹在感光晶圆和镜面晶圆之间。通过在真空中键合这三片晶圆完成超小型带镜片非制冷IRFPA晶圆。在美国，正在推进实现这种构想的技术开发。

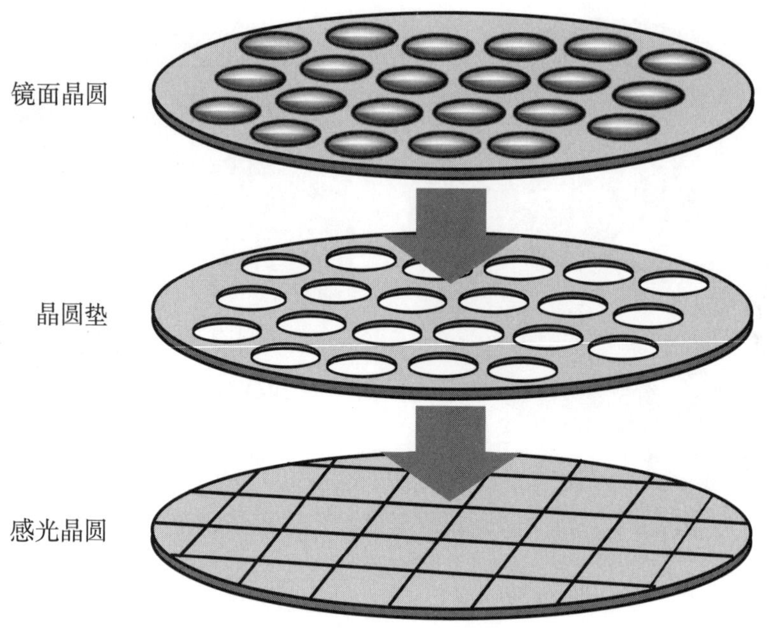

图9.11　晶圆级光学元件的构想图

9.3.2　芯片级真空封装

图9.12是另一种低成本真空封装技术——芯片级真空封装的说明图。如图左下方所示，这种技术是在感光晶圆上覆盖切割好的保护盖进行封存的。保护盖使用晶圆形状的治具，保持与相对的感光晶圆对齐的状态，与晶圆级真空封装相同，对晶圆整体一并进行真空封装。非制冷IRFPA可以通过在晶圆状态下探测来进行简单的好坏判定，所以在芯片级真空封装中，可以通过只对良品芯片键合盖帽，防止不必要的盖帽消耗。另外，晶圆级真空封装需要加工形成真空部分及切割开口部位的凹陷，保护盖不需要这些，而需要考虑以焊料的厚度决定腔体的高度。

为了确认芯片级封装技术的有效性，试做出了像素间距25μm的160×120像素的SOI二极管非制冷IRFPA[176]。非制冷IRFPA的芯片尺寸为14.5×13.5mm^2，厚度为0.625mm。有盖芯片的尺寸为10.6×12.1mm^2，厚度为0.5mm，用50μm厚度的锡铜焊料封装，真空度在0.5Pa以下。图9.13是用芯片级真空封装技术制作的非制冷IRFPA外观和键合部位的放大照片。

9.3.3　批量处理式真空封装

Mottin等发表了能够同时真空封装4个非制冷IRFPA的技术[126]。他们的封装是加工4英寸的晶圆而得来的，为了收纳4个非制冷IRFPA形成腔体，里面还含有低温下能够活化的非蒸发吸气剂，这种方式是批量处理式真空封装技术的原型。

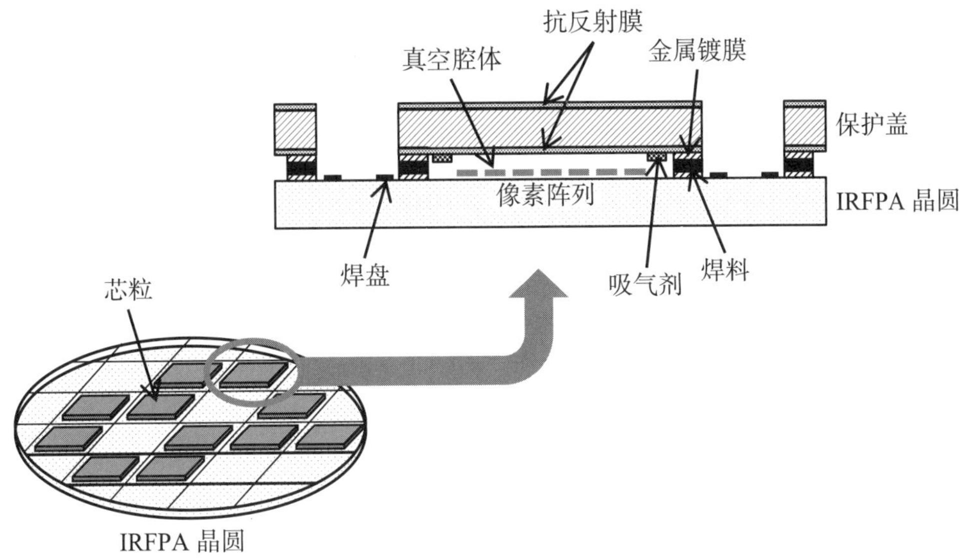

图9.12　芯片级真空封装

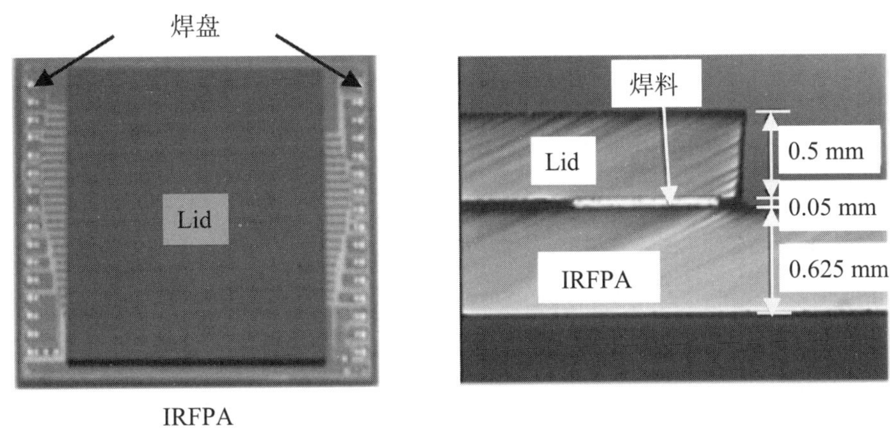

图9.13　用芯片级真空封装制作的非制冷IRFPA外观和键合部位的放大照片

之后，开发出了正式的批量处理式真空封装技术[177，178]。图9.14是批量处理式真空封装的示意图，这种方式与以前的真空封装方式相同，采用陶瓷或金属封装，在真空层中将多个封装一并真空封装。

图9.15是批量处理式真空封装中采用的材料和真空封装完成后的非制冷IRFPA的外观示意图。该示例中，材料有3种：多个封装一体成型的陶瓷封装、把吸气剂蒸镀到内部的盖帽、焊接用的金属镀膜的硅窗口。所报告的技术中，这3种材料全部可以在真空中组装。真空封装工艺中需要各种温度处理，通常，吸气剂的活化温度最高，将最初的带吸气剂的盖帽在高真空中加热活化吸气剂；然后，真空层内键合帽盖和陶瓷封装；最后在盖帽上键合窗口进行封存。

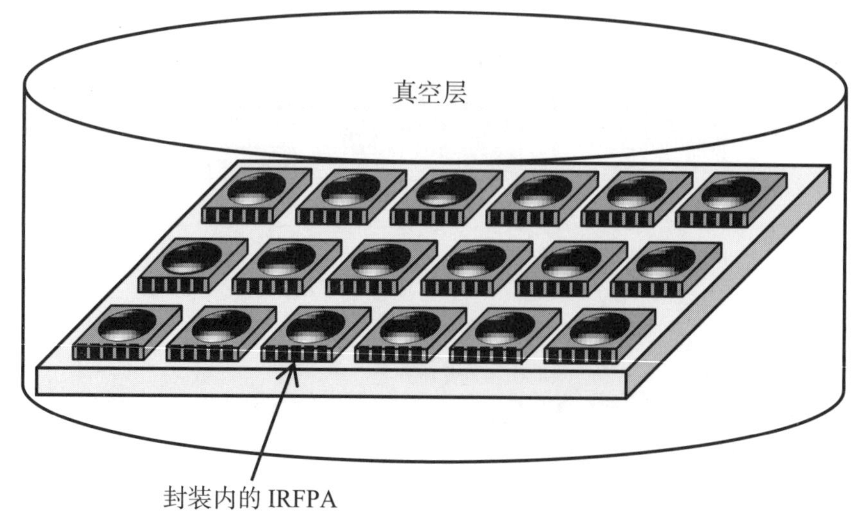

图9.14　批量处理式真空封装的示意图

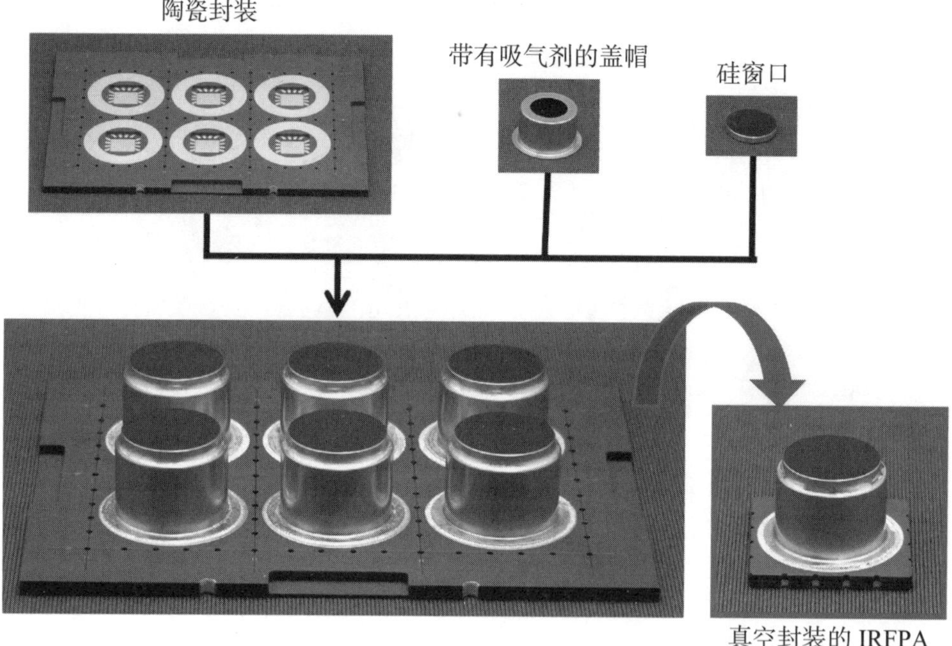

图9.15　批量处理式真空封装用材料和真空封装完成后的非制冷IRFPA的外观

9.3.4　像元级真空封装

图9.16是开发的另一种低成本真空封装技术——像元级真空封装[179~181]的结构示意图。这种方式的真空封存是以像元为单位进行的。图中显示为1像元的部分，相当于非制冷IRFPA的1像素，用微型盖帽覆盖在每个探测器微桥上，在探测器周边形成真空腔体。这种结构可以用MEMS技术制作，所以可以提高生产

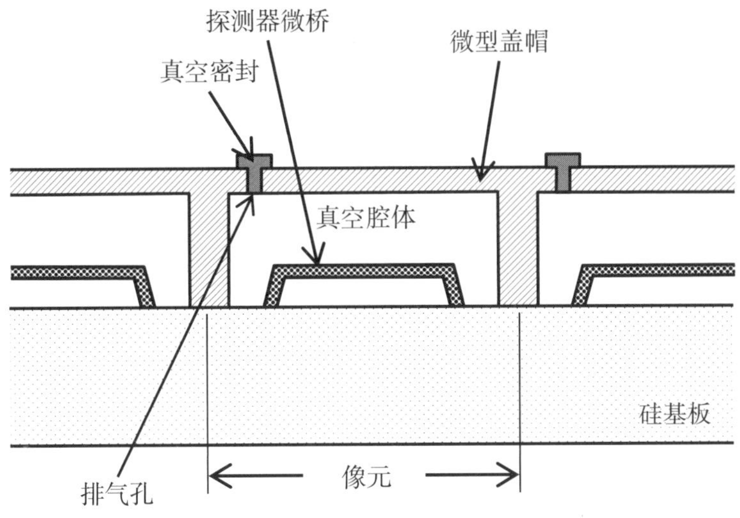

图9.16 像元级真空封装

性、低成本化。

像元级真空封装的结构可以用下列工艺制作：首先，受光部位形成后，在去除受光部位下部的牺牲层之前，形成第二牺牲层，在它上面蒸镀微型盖帽结构的薄膜；接着，在微型盖帽的一部分上形成排气孔，通过这个孔去除受光部位下部和微型盖帽形成用的牺牲层，微型盖帽内的抽真空通过这个孔进行；最终，在抽真空完的装置中，通过蒸镀形成一层用来密封排气孔的薄膜，完成图中的结构。上述工艺在晶圆状态下实施。

目前通过像元级真空封装技术开发了像素间距34μm的320×240像素和80×80像素的非制冷IRFPA，它可以获得与通常的真空封装技术制成的元件相同的性能和成品率[181]。图9.17是像元级真空封装的34μm间距的像元的外观和剖面电子显微镜照片[181]。

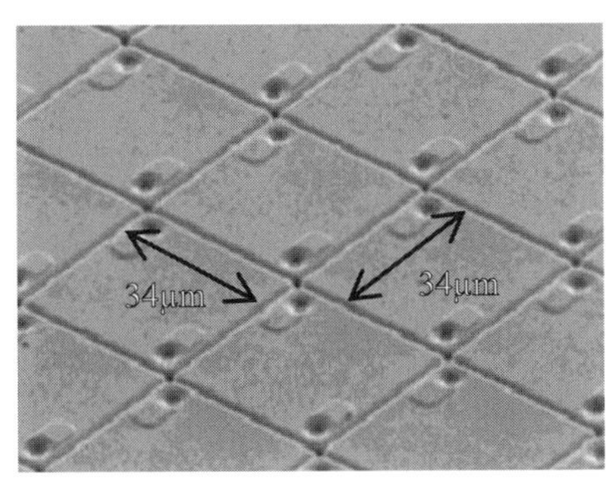

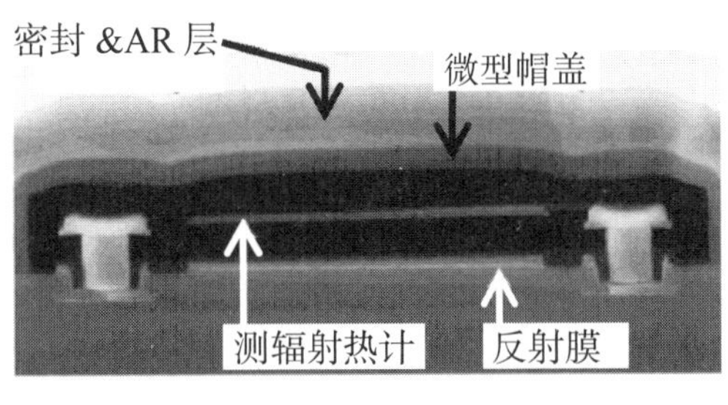

图9.17 像元级真空封装的34μm间距的像元的外观（左）和剖面（右）的电子显微镜照片

9.4 微型真空计

为了评价真空封装工艺，必须测量封装内部的真空度。另外，为了确认真空封装满足实用性寿命，需要评价封装内部的真空度随时间流逝发生的变化。这些评价，需要测量封装内部小小空间真空度的微型真空计。但是。非制冷IRFPA的真空封装技术开发之初，不存在可以使用的微型真空计。因此，微型真空计的开发和非制冷IRFPA的真空封装技术的开发是同步进行的。

图9.18所示的MEMS元件，是在非制冷IRFPA真空封装技术开发中所研发的微型真空计的示例[178]。这种微型真空计与皮拉尼真空计相同，都是热型真空计，可以测量分子流领域中的气体压力。

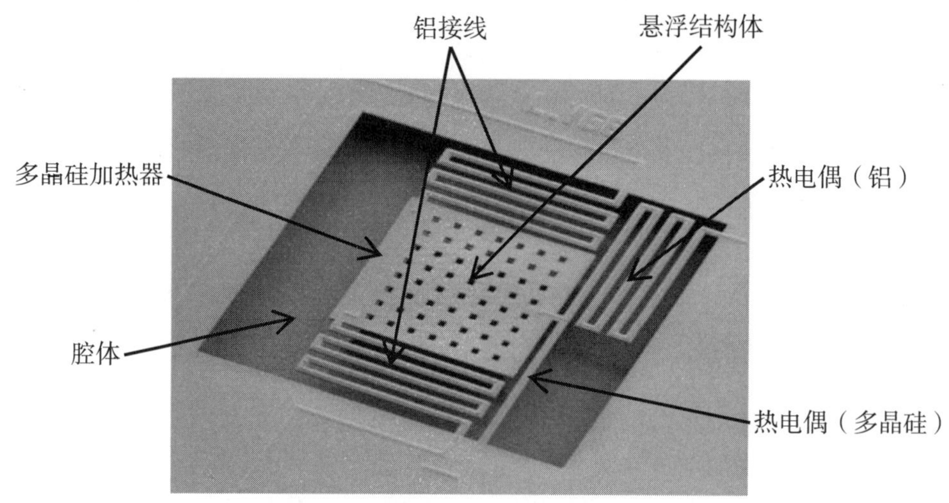

图9.18　真空封装评价用微型真空计

图9.18所示的微型真空计由二氧化硅和氮化硅组成的悬浮结构体、多晶硅加热器、铝/多晶硅热电偶组成。真空度是用热电偶测量由加热器提供给悬浮结构体的热量的流失来进行评价的。基板为硅基板，去除悬浮结构体下方的硅形成腔体，通过这个腔体传递热量。图中的铝接线是用于将电流传导给加热器的。悬浮结构体的尺寸为一边200～300μm。这种结构，除了加热器和它的接线外，与热电堆非制冷IRFPA的像素结构相同，可以在非制冷IRFPA芯片上集成化。

图9.19是图9.18的微型真空计特性示意图。这种特性，指的是为了维持悬浮结构体和基板间的温度差保持在一定值的这种状态，测量所需的加热器投入电力（热损失）的恒温法的特性，不依赖于压力的热电偶和铝接线的热传递与悬浮结构体的热辐射的热传递成分相减得到的值为纵轴。不依赖于压力的成分，通过气体的热传递可以忽略，可以看作高真空中的投入电力。悬浮结构体的形状为单边300μm的正

方形。如图所示，可以看出，微型真空计的热损失的大小在0.01 ~ 1000Pa的压强范围内呈良好的直线性，能够用于非制冷IRFPA的真空封装的评价。

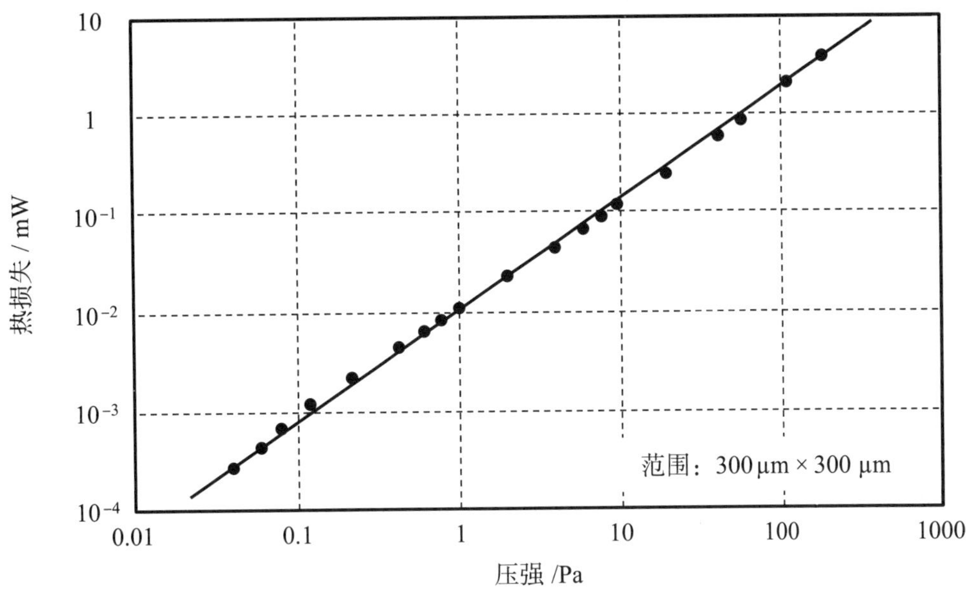

图9.19 微型真空计的特性

图9.20是使用具有图9.19特性的微型真空计评价非制冷IRFPA的真空封装内

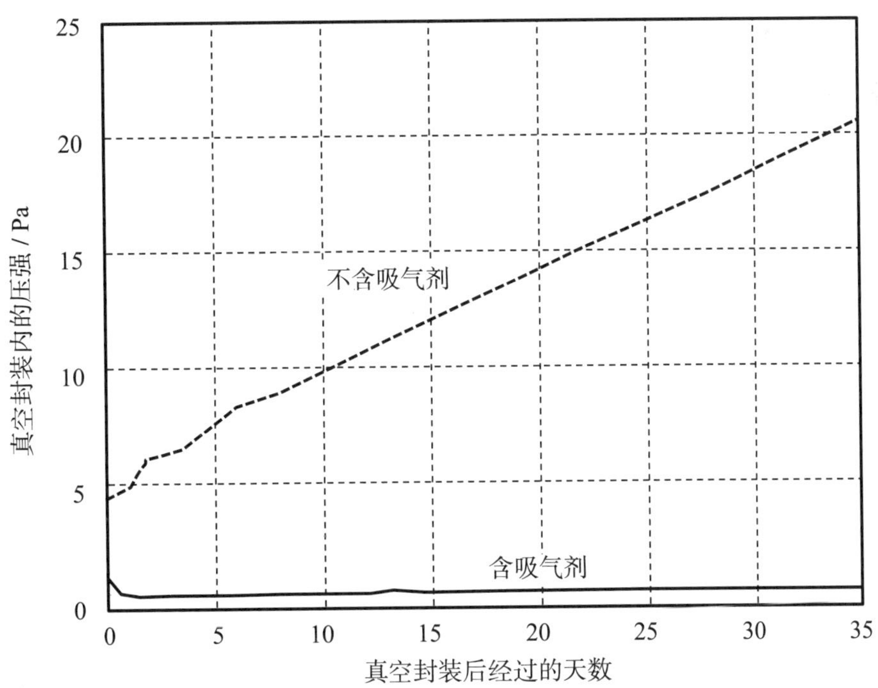

图9.20 通过微型真空计评价非制冷IRFPA的真空封装内的压强随时间变化的示例

的压强随时间变化的示例。横轴是真空封装后经过的天数，纵轴为封装内的压强。可以看出，2条线分别是内含吸气剂的结果和不含吸气剂时的结果，能够高精度评价吸气剂的效果。也有使用同样的微型真空计，进行真空封装信赖性评价和寿命预测的案例[182]。

第10章
非制冷红外相机及应用

10.1 非制冷红外相机的构成及应用

10.1.1 整体构成

图10.1是非制冷红外相机的基本结构示意图。搭载了非热电方式的非制冷IRFPA的红外相机需要温度控制器件——半导体制冷片（thermoelectric cooler，TEC）。这是因为热电温度传感器以外的非制冷IRFPA用温度传感器的输出是由绝对温度决定的，IRFPA输出不仅因摄像对象的温度而变化，也会受到IRFPA自身温度的影响。通过TEC将IRFPA的温度保持在一定值，能够得到稳定的输出。TEC安装在IRFPA的真空封装内部。

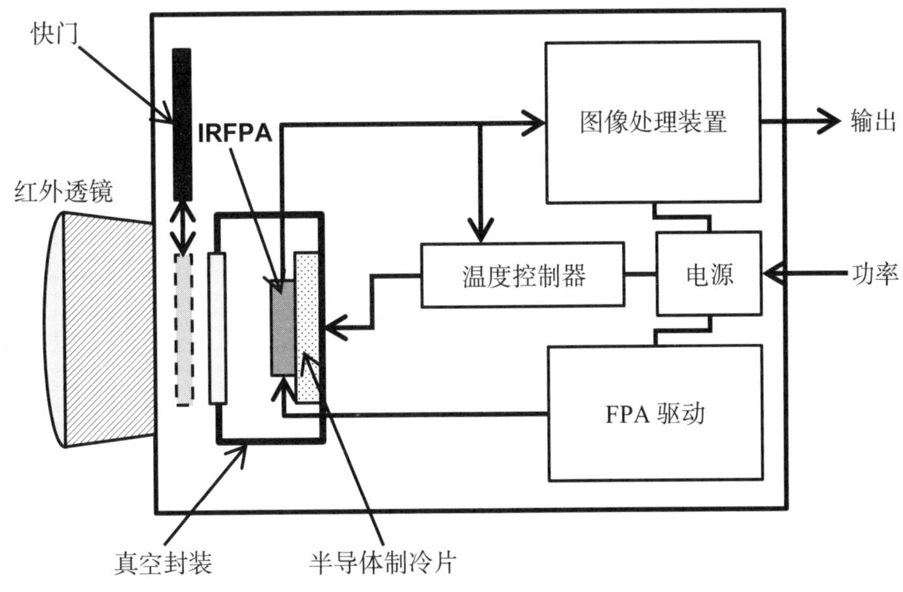

图10.1 红外相机的构成

红外光学系统虽然与可见光相机相同，一般都是折射式光学系统，但所使用的光学材料不同。非制冷IRFPA必须以每像素对响应度和偏移量进行校正才能够得到充分的性能，所以图像处理装置担任了与基本性能相关的重要角色。具有温度测量功能的红外相机，通过图像处理装置进行温度校正处理。快门不是用来控制曝光时间的，而是通过覆盖IRFPA的窗口形成均一背景状态，用来进行偏移量校正的。

最近，通过软件校正IRFPA的温度变化的无TEC化较为普遍，不需要通过快门进行偏移量校正的无快门化的开发也在推进中。

10.1.2　光学系统

在可见光中，可以将二氧化硅玻璃或树脂用作镜片材料，二氧化硅的透过波段在短波红外（short wavelength infrared，SWIR）区域，一般为1 ~ 3μm，无法作为红外相机的镜片材料使用；树脂在红外区吸收会变大，很难适用于红外相机。红外线可透过的光学材料的可使用波长范围如图10.2所示[183]。其中，以厚度2mm的材料透过率达到10%以上的波长范围来表示可使用领域，实际上可使用的波长范围会因镜片设计、所要求的性能、材料的品质等变化。

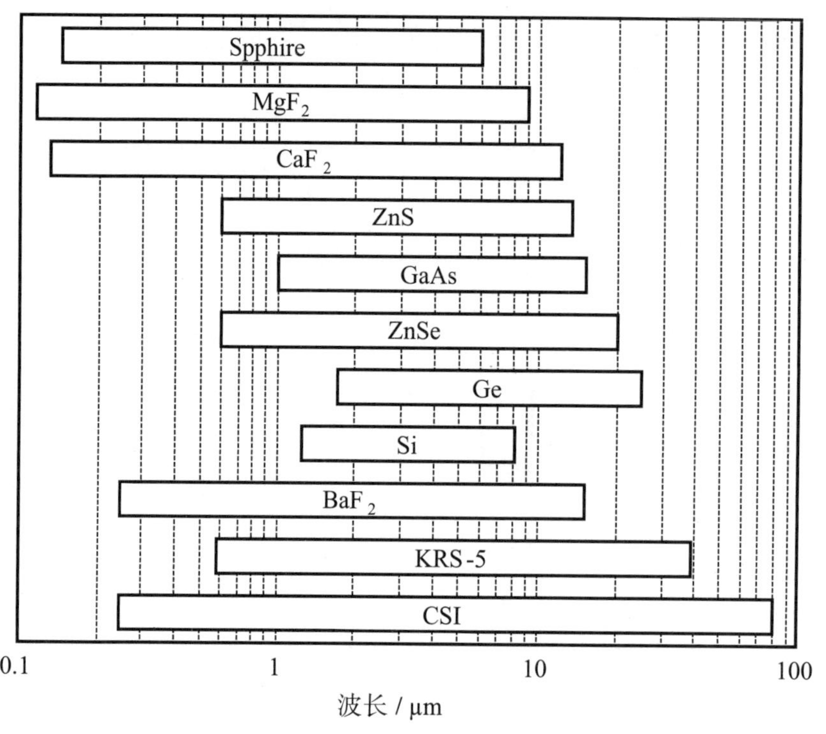

图10.2　红外光学材料可使用的波长范围
（厚度2mm、透过率10%以上的波长范围）

锗在MWIR和LWIR两种波长范围中显示了良好的光学特性，在红外透镜材料中占有最大份额，但材料价格高，存在加工技术仅限磨削的问题。现在使用锗镜片的红外相机的成本中红外透镜成本占比将近1/3，镜片的低成本化对于红外相机的进一步普及是不可欠缺的。

为了打破这一状况，开发出了采用硫硒碲玻璃的红外镜片[184，185]。硫硒碲玻璃可以通过铸模加工实现镜片成型，所以可以降低加工成本。图10.2中的材料中，硫化锌也是一种可以通过铸模加工制成镜片的红外光学材料[186]。

硅作为MWIR用镜片是良好的材料，但在LWIR波长范围内吸收系数大，而且作为LSI晶圆，以一般的CZ法制成的硅在波长9μm附近会因杂质（氧）引起大量吸收，所以我们认为它难以适用于LWIR用镜片。但是，最近使用FZ硅制作的小口径、厚度薄的红外镜片能够得到充分的性能，而受到关注。图2.7所示的红外相机核心部件中使用了2片硅镜片。这种镜片，是在8英寸的晶圆上通过形成多个数毫米的镜片的晶圆级加工（图10.3）[35]制成的。也有用硫硒碲红外镜片开发出了在1块基板上一次形成多片镜片的技术[187]。通过晶圆级镜片加工，可以大幅降低红外镜片的成本。

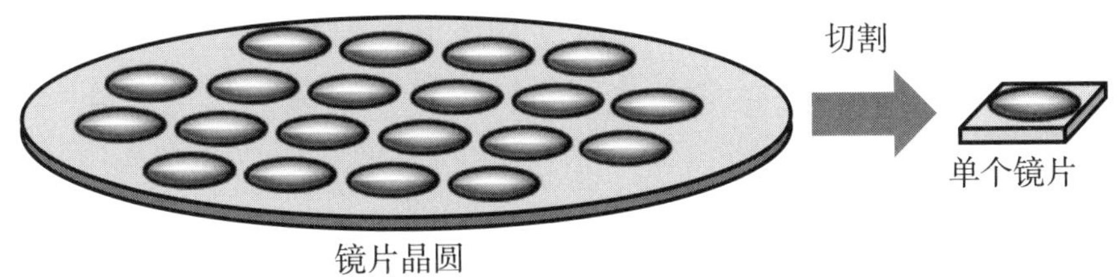

图10.3 晶圆级镜片加工

10.1.3 校 正

与可见光相机不同，红外相机中校正的好坏决定基本性能，所以图像处理技术起到重要作用。图10.4是校正的重要性及困难度的说明图。图示示例中，假设电阻测辐射热计IRFPA的像素间距为50μm，开口率为100%，热导为1×10^{-7}W/K，TCR为2%K，为了使采用F值为1的镜片的非制冷红外相机得到$NETD=50$mK，需要探讨所需要的均匀性。

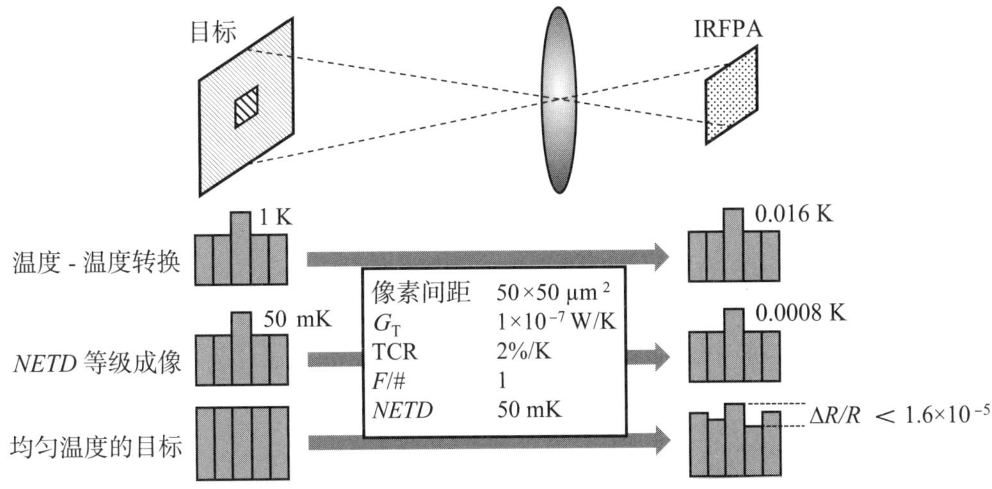

图10.4 非制冷IRFPA的偏差容许范围

目标的温度发生1K变化时，IRFPA的受光部位的温度变化为0.016K，相当于$NETD$的50mK的目标温度变化，引起IRFPA受光部位的温度发生0.8mK变化。

IRFPA对均匀温度的目标进行拍摄时，像素间的输出存在偏差的情况下，由于无法分辨该偏差是反映目标的温度偏差，还是像素间的电阻偏差，所以需要让像素间的电阻偏差小于*NETD*的输出值。电阻测辐射热计的输出与像素电阻成比例，在图示的示例中，相当于*NETD*的像素间的电阻值的偏差（相当于偏移量偏差）ΔR和平均电阻值R的比值$\Delta R/R$需要在1.6×10^{-5}以下。

另外，即便在一定温度下电阻值偏差可以为零，当目标的温度变化时，会产生与TCR等偏差有关的输出偏差，这种偏差是响应度偏差。为了实现要求的*NETD*，对于响应度偏差，需要控制到与偏移量偏差相同水平，上述示例中提到的1.6×10^{-5}以下的偏差在没有校正的条件下是不可能实现的，红外成像中偏移校正和响应度校正是必需的，这种校正称为非均匀性校正（nonuniformity correction，NUC）。图10.5展示了NUC的效果[188]。

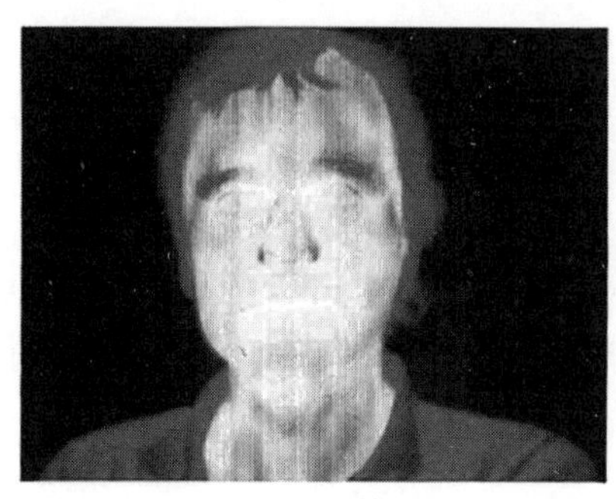
NUC 前

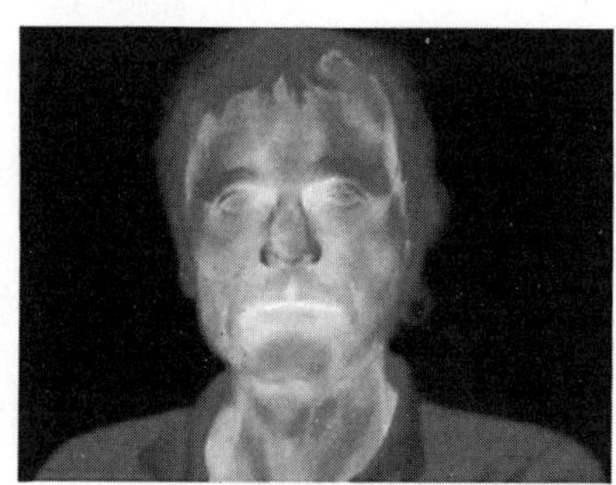
NUC 后

图10.5　图像校正的效果

图10.6展示的是非制冷红外相机的校正方法的示例[189]，将温度T_1和T_2这2点下拍摄均匀背景的结果用作校正用的数据。图中，横轴是与温度相对应的辐射功率P，纵轴为IRFPA的输出V，展示了代表多数像素特性的两条直线（像素i、像素j）和所有像素的平均输出V_A（$P(T)$）。V_A（$P(T)$）为

$$V_A(P(T))=\frac{1}{N}\sum V_i(P(T)) \tag{10.1}$$

其中，N为像素数。这种校正方法，是假设在温度T_1和T_2下得到所有像素的输出，求取各像素的偏移校正量和响应度校正量。

像素i的偏移校正量O_i和响应度校正量G_i定义为

$$V_A(P(T_1))=G_i\cdot[V_i(P(T_1))-O_i] \tag{10.2}$$

则

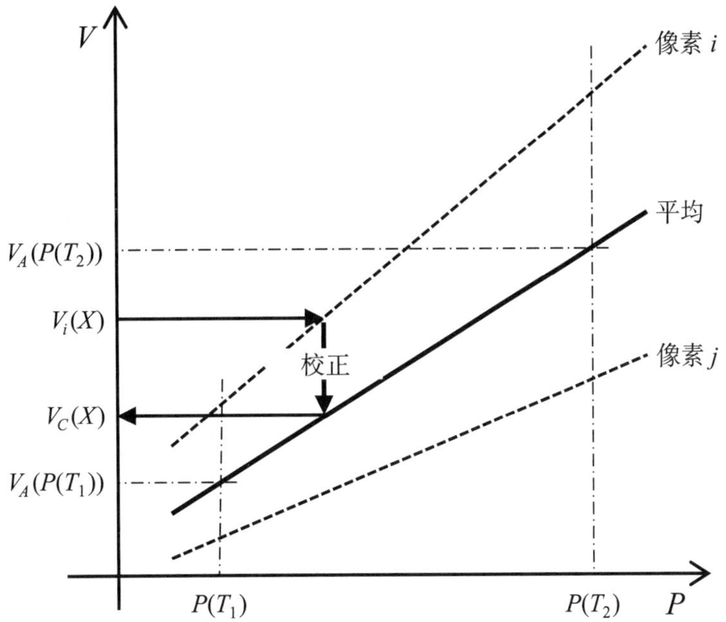

图10.6　采用2点均匀背景温度下的图像数据的校正

$$V_A(P(T_2)) = G_i \cdot [V_i(P(T_2)) - O_i] \tag{10.3}$$

取式（10.2）和式（10.3）两边的比，得到

$$\frac{V_A(P(T_1))}{V_A(P(T_2))} = \frac{G_i \cdot [V_i(P(T_1)) - O_i]}{G_i \cdot [V_i(P(T_2)) - O_i]} \tag{10.4}$$

可以消去G_i，得到

$$O_i = \frac{V_i(P(T_2)) \cdot V_A(P(T_1)) - V_i(P(T_1)) \cdot V_A(P(T_2))}{V_A(P(T_2)) - V_A(P(T_1))} \tag{10.5}$$

只要能确定Q_i，G_i就可以通过下式求取：

$$G_i = \frac{V_A(P(T_1))}{V_i(P(T_1)) - O_i} \tag{10.6}$$

使用这个Q_i和G_i，在第i号像素处得到$V_i(X)$的输出时，可以得到校正输出$V_C(X)$的公式：

$$V_C(X) = G_i \cdot [V_i(X) - O_i] \tag{10.7}$$

接下来，对使用视场中的偏移量数据和在工厂中获取的响应度校正数据的校正方法进行说明[188]。在这种校正方法中，图10.7中斜率G_i的数据是出货时在工场内得到的，G_i的所有像素的平均值G_A也是已知的。偏移量数据是目标的温度在T_1的状态下获得的。

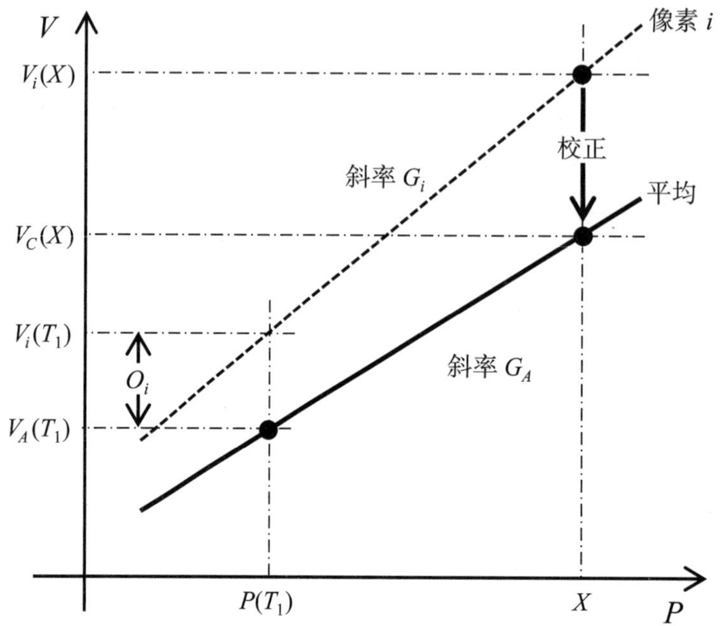

图10.7　采用视场中的偏移量数据和工厂中获取的响应度校正数据进行校正

在温度T_1下所有像素的平均输出V_A（$P(T)$）为：

$$V_A(P(T_1)) = \frac{1}{N}\sum V_i(P(T_1)) \tag{10.8}$$

像素i的偏移校正量Q_i定义为

$$O_i = V_i(P(T_1)) - V_A(P(T_1)) \tag{10.9}$$

当像素i的输出为$V_i(X)$时，参照图得到

$$V_i(X) = V_i(P(T_1)) + G_i \cdot [X - P(T_1)] \tag{10.10}$$

因此，

$$X - P(T_1) = \frac{V_i(X) - V_i(P(T_1))}{G_i} \tag{10.11}$$

$V_i(X)$的校正后的值$V_C(X)$可以通过下式计算得出：

$$V_C(X) = V_i(P(T_1)) - O_i + \frac{G_A}{G_i} \cdot [V_i(X) - V_i(P(T_1))] \tag{10.12}$$

假设上述两种校正方法中输出和辐射（或入射）功率之间的关系为线性，只要凭借2点温度下的输出或1点温度下的输出和响应度的数据，无论目标的温度取何值都能够正确校正。但是，实际上，IRFPA的输出特性是图10.8所示的非线性特性。如果具有非线性特性，如图所示，校正后会留有不均匀性，它决定了性能。图10.8中，假设是在2点校正温度间使用，将使用范围扩大到外侧时，也会有残存不均匀性的最大值在校正温度的外侧的情况。

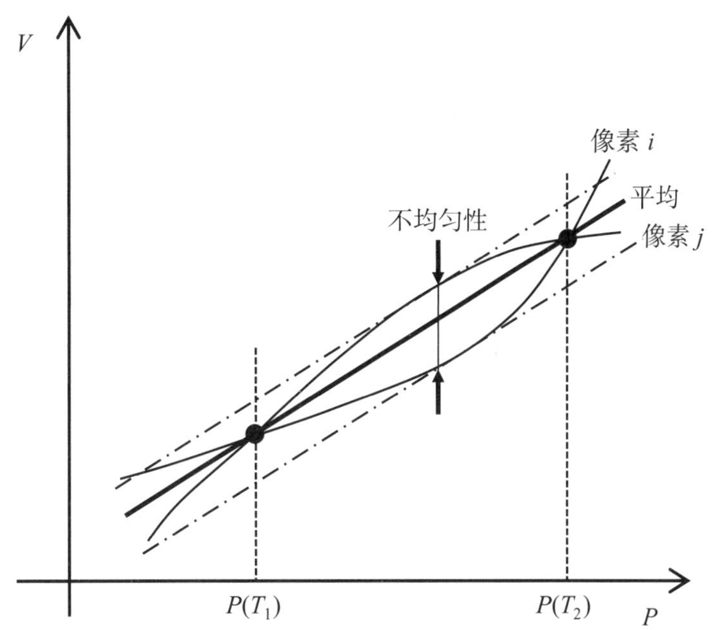

图10.8　考虑非线性特性的校正界限

图10.9是考虑了非线性特性的情况下，*NETD*辐射功率依赖性的示意图。红外探测器的输出会产生随着时间而变动的噪声成分，这种噪声成分称为暂态噪声。本节最初讨论的输出波动也可看作噪声，这种是FPN。输入输出特性为非线性特性时，在进行校正的温度下FPN为最低，在其之间和外侧时变大，所以如图10.9所示，由FPN决定的*NETD*（$NETD_{\mathrm{FP}}$）随着辐射功率的大小而变化。另一方面，由暂态噪声决定的*NETD*（$NETD_{\mathrm{TMP}}$）不存在辐射功率依赖性，为一定值。如图10.9所示，假设暂态噪声为V_{NTMP}，FPN为V_{NFP}，则总噪声V_{NT}通过下式求取：

$$V_{\mathrm{NT}}=\sqrt{{V_{\mathrm{NTMP}}}^{2}+{V_{\mathrm{NFP}}}^{2}} \tag{10.13}$$

V_{NT}的值是由V_{NTMP}和V_{NFP}中大的一方支配的。因此，当$V_{\mathrm{NTMP}}>V_{\mathrm{NFP}}$时（图中高$NETD_{\mathrm{TMP}}$时）暂态噪声是性能决定主要因素，当$V_{\mathrm{NTMP}}<V_{\mathrm{NFP}}$时（图中低$NETD_{\mathrm{TMP}}$

时）固定模式噪声是性能决定主要因素。红外相机设计成$V_{NTMP}>V_{NFP}$是较为理想的。

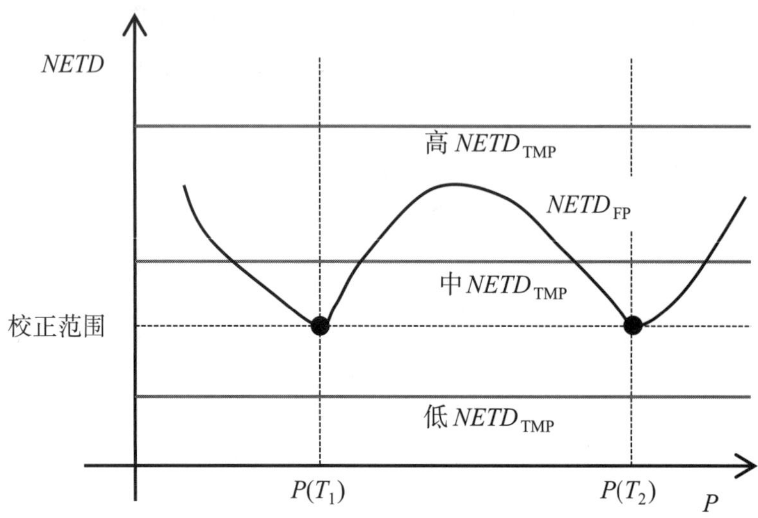

图10.9　考虑非线性特性时的*NETD*

10.1.4　温度校正

红外热像仪的图像辐射温度测量中，将由非制冷IRFPA得到的输出转换显示为目标的温度。这种转换，与红外相机的光学系统特性、IRFPA的光谱响应度特性、红外相机的电子学设计、红外相机的温度等有关。红外相机的输出$V_{CAL}(T)$与目标的温度T的关系为[188~190]

$$V_{CAL}(T)=\frac{R_{CAL}}{\exp(\frac{B_{CAL}}{T})-F_{CAL}}+O_{CAL} \tag{10.14}$$

其中，R_{CAL}是由系统响应度决定的常数，B_{CAL}是由有效波长决定的与普朗克公式c_2/λ相等的常数，F_{CAL}是表示测量系统的线性特性的常数，O_{CAL}是系统的偏移量。测量系统为线性时$F_{CAL}=1$。

在红外相机的设计和评价中，如果得到上述4项常数，则能够使用式（10.14）根据红外相机输出确定目标的温度。图10.10是单像素热型探测器的温度校正示例。这张图中，点表示测量结果，曲线表示由式（10.14）计算的结果。式（10.14）的常数中R_{CAL}、B_{CAL}、F_{CAL}在5条曲线中使用相同值，当探测器的温度发生变化时，只通过偏移量O_{CAL}的调整进行调整。

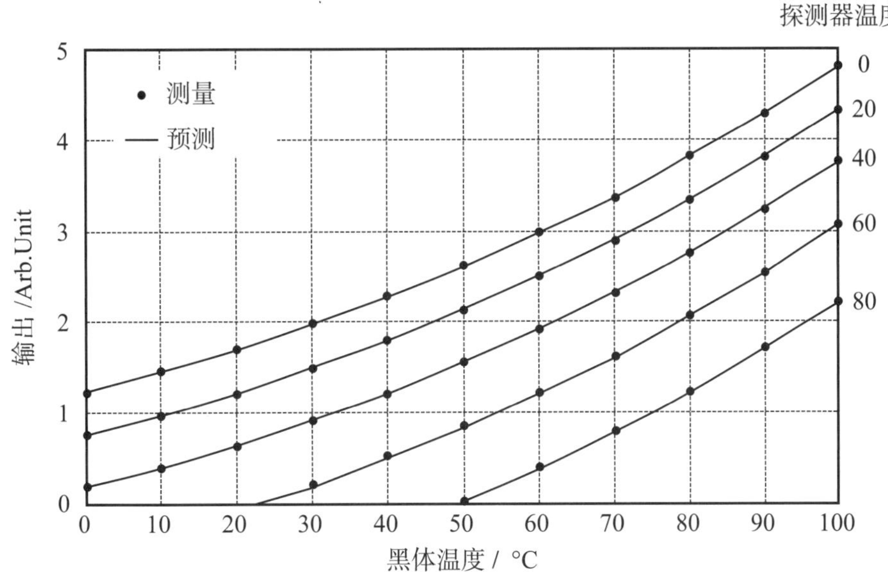

图10.10　热型红外探测器的温度校正示例

温度校正中也会有使用简单的多项式的情况，使用多项式时，如果探测器的温度发生变化，所有的常数会受到影响。但是，使用式（10.14）时，只要掌握偏移量的温度依赖性，即便探测器的温度发生变化，也能够进行高精度温度校正。

红外相机中，除了来自目标的红外线以外，会有很多不需要的红外线射入IRFPA。例如，镜片的镜筒是对红外相机输出影响很大的辐射体，封装窗口和镜片的透过率都不是100%，所以会辐射出红外线。红外相机的机壳也是一样，虽不在IRFPA的直接视野内，电子电路的红外线辐射会在机壳内经过多重反射到达IRFPA。有关不需要的红外线对IRFPA输出的影响，在设计红外相机时以及将红外相机用于温度测量时要十分注意。

图10.11是不需要的红外线对非制冷IRFPA的输出造成影响的示例之一。这是中途不进行偏移量校正的情况下，测量的非制冷红外相机启动后经过温度转换的输出的时间变动结果（目标的温度为固定值）。从这个结果可以知道，含有IRFPA的红外相机内部的温度变化引起的输出漂移非常大。

图10.12是红外相机的温度变化导致的影响大小的另一示例[189]。该示例中，评价了保持快门关闭状态下，快门温度发生微小变化时的影响。图10.12(a)是插入快门不久后，相机温度为39.0℃，图10.12(b)是插入快门维持30分钟后，相机温度为40.8℃。可以看出，当相机温度和快门温度一致时，IRFPA观测到

的快门温度仅变化了1.8℃，但经过温度转换的值却有近10℃的差。这是因为IRFPA内的像元所观测的目标是mrad级的视角，而快门是相当于rad级的视角。这种实验中的情况，在通常的红外相机的辐射温度测量中不会发生，但用于理解红外相机内部的构成要素的温度变动对输出的影响大小，是个不错的例子。

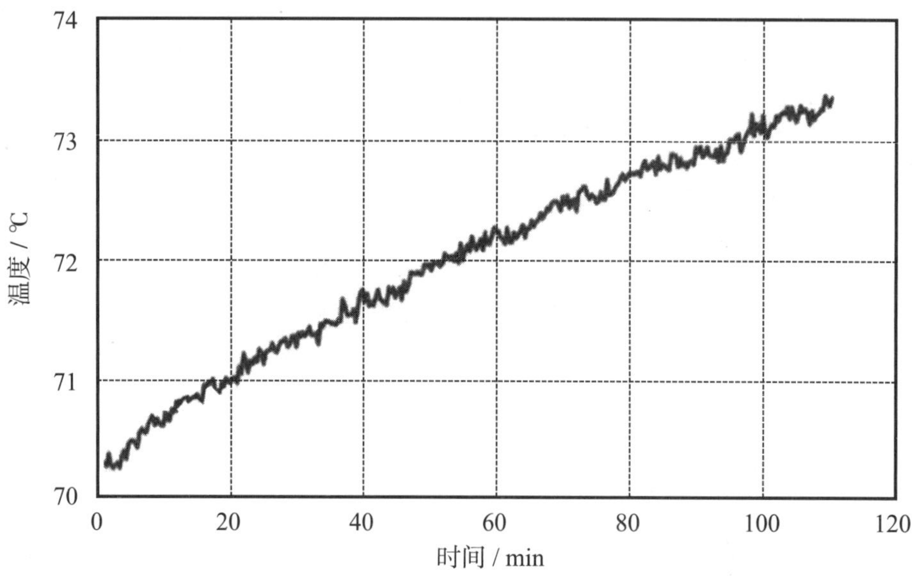

图10.11　非制冷红外相机的输出的时间变化（测量中不进行偏移量校正）

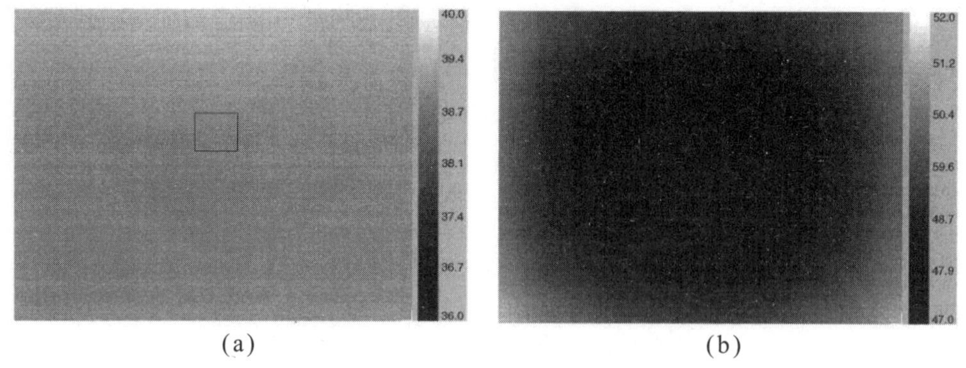

图10.12　红外相机的温度变化对输出的影响

10.2　暗视觉应用

使用红外相机可以在没有照明的完全漆黑的环境下拥有“视觉”（暗视觉）。暗视觉应用是作为防卫技术开始研发的，而作为夜间的视觉辅助技术，在汽车、航空器、安保、抢救等领域的有效性得到了认可，今后市场的扩大值得期待。

车用红外线视觉辅助装置称为红外夜视系统（NVS）。使用红外夜视系统，可以探测到前灯照射距离的3倍距离（使用320×240像素IRFPA，视角设为24°时）内的人或动物，有助于防止夜间的事故。红外夜视系统不仅可以扩大夜间的可见度，还可以降低对向来车前灯的干扰，扩大雾天等恶劣天气时的可见度。图10.13是红外相机看到的夜间道路的图像。可以看出，用可见光识别图像中央部分的行人很困难，闪灯的对向来车右边的两名行人在可见光下被看漏的可能性很高，但是用红外夜视系统确认是没有问题的。

图10.13　红外相机拍摄的夜间道路

最初的汽车红外夜视系统开发于1999年[191]，当时的红外相机中搭载的是铁电混合非制冷IRFPA[68, 69]。这种系统被General Motors[192]和本田技研工业[193]所采用。采用了混合非制冷IRFPA的红外夜视系统在2012年停止生产，而在2005年，采用了电阻测辐射热计非制冷IRFPA的NVS实现了实用化[194]，现在仍在继续进化[195]。BMW、Audi、Rolls-Royce、Mercedes、General Motors已经采用了电阻测辐射热计非制冷IRFPA的红外夜视系统[196]，今后，如果价格下调，供应商增加，有望扩展搭载到中级车上。

航空器搭载的视觉辅助装置称为增强视景系统（enhanced vision system，EVS），2001年得到美国联邦航空管理局（federal aviation adminstration，FAA）认定，作为着陆辅助装置开始使用[197]。图10.14是航空器拍到的夜间跑道的红外图像示例。可以看出，这条跑道不具备着陆辅助设备，所以需要通过目视飞行着陆，但通过EVS，得到了即便是夜间也可无障碍着陆的图像。EVS，在雾天等恶劣天气时也有用。至今为止航空器用EVS中使用的是采用了量子型IRFPA的冷却红外相机，随着非制冷IRFPA的高性能化发展，廉价版非制冷系统也投入到了市场中[197]。

图10.14　航空器用EVS的图像

安保也是红外相机的重要应用之一。图10.15是通过夜间红外相机探测到入侵者的示例。该图像视野内设置了2盏路灯，用可见光相机监视时只能确认路灯周边的狭窄范围，而用红外相机可以监视整个视野范围，如图10.15所示。市面销售的用于安保的是近红外相机，近红外成像与可见光相同，需要光源，无法监视超出光源的光可照射范围。红外成像是一种不需要光源的被动成像，使用大气透射比高的波段，所以即便在夜间也可以进行超过数百米距离的广域监视。此外，还开发了搭载于直升机及车辆的红外监视系统。

图10.15　红外相机的安保应用

图10.16是红外相机用于救援的图像。该图像中，用红外相机拍摄了落入海里的人（仅头部）和漂流船只。即便是白天，因为对比不明显，也难以找到漂浮在宽阔海面的人，而使用红外相机就不仅在白天，在夜间也可以得到对比鲜明的图像，更易于发现遇险者。

图10.16 红外相机用于救援

图10.17是红外线的烟雾透过性图像示例。左侧图像是可见光图像，即便是处于可见光下已无法确认人员的浓度的烟雾中，通过右侧红外线图像可以透过烟雾毫无问题地确认人员。红外线的烟雾透过性在消防官兵火灾现场的救援中非常有用，也开发了许多消防用的红外相机[197]。

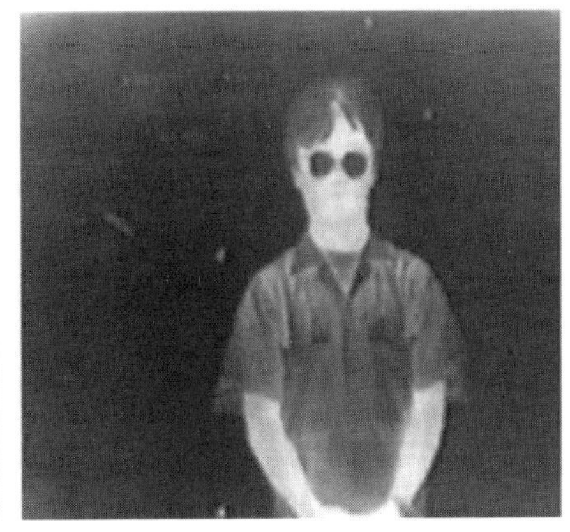

图10.17 红外线的烟雾透过性（左：可见光、右：红外线）

10.3 温度测量应用

用于温度测量的红外相机——红外热像仪装置获取红外图像所需的基本构成与暗视觉用的红外相机相同，要想测量绝对温度，就要在硬件及软件两方面下工夫。比如，暗视觉用的红外相机基本都是用灰度表示输出大小的，而红外热像仪装置一般具备的是用类似颜色表示温度等级。另外，为了保证温度的绝对值，减少10.1节中讨论的无用光的影响的同时，红外热像仪装置要具备校正无用光效果的功能。

红外热像仪装置主要应用于设备保全、工业测量、建筑诊断、医疗等方面。电气设备及机器设备老化引起故障前多数会发热，把握住正常状态下设备的温度分布，监控温度分布随着时间变化而产生的变化，可以防患因故障引起的事故。采用红外热像仪装置，无需停止设备就可以进行检查。图10.18是变电设备的红外热成像图像。

图10.18 变电设备的红外图像（通过红外图像进行设备诊断）

在工业测量应用中，设计评价及生产工序的温度管理中使用了红外热像仪装置。在汽车及电气电子设备的设计中热设计非常重要，红外热像仪装置在用非接触方式确认试做的设备是否符合设计时是一种有用的工具。另外，生产工序的温度管理实例中，有钢铁制造工艺的评价及模具的温度管理等的实例。

红外热像仪装置还被活用于建筑物的隔热特性的评价和冷暖气的效果确认、查明漏水积水位置等建筑物诊断，也被广泛用于机场检疫的非接触体温测量。图10.19是用红外热像仪观察人脸探测有无发热的示例[198]。

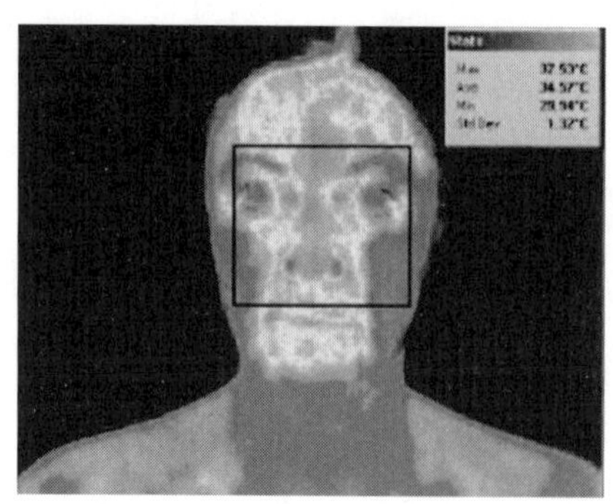

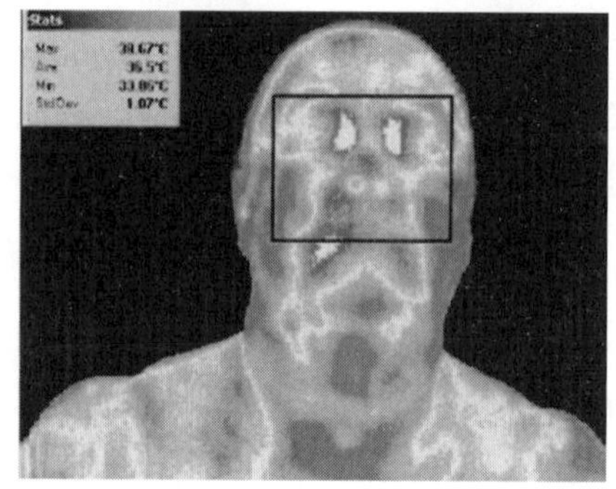

图10.19 红外相机的非接触发热检查

作为医疗用途，期待着它适用于乳癌的诊断及手术支援（图10.20）等，但还在研究阶段[197]。

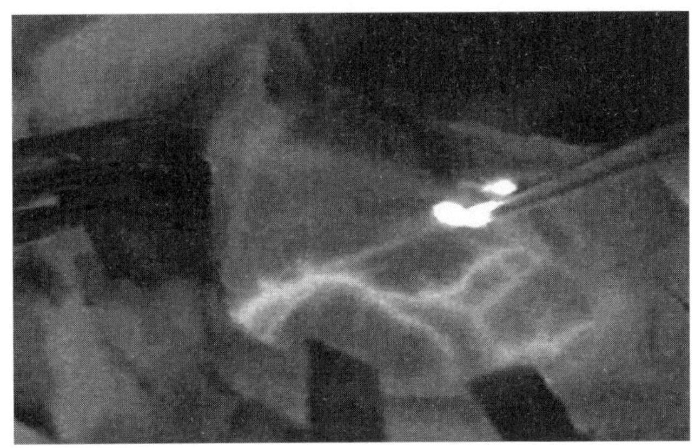

图10.20　红外相机的手术支援应用（可以确认动脉中血液的流动）

10.4　其他应用

红外相机是建筑物及结构物的非破损检测（non-destructive inspection）的重要工具。在非破损检测中，不是观测稳定状态的温度分布，而是如图10.21所示，从外部提供热能量，通过观测观察对象的温度变化检测出不好的情况[199]。

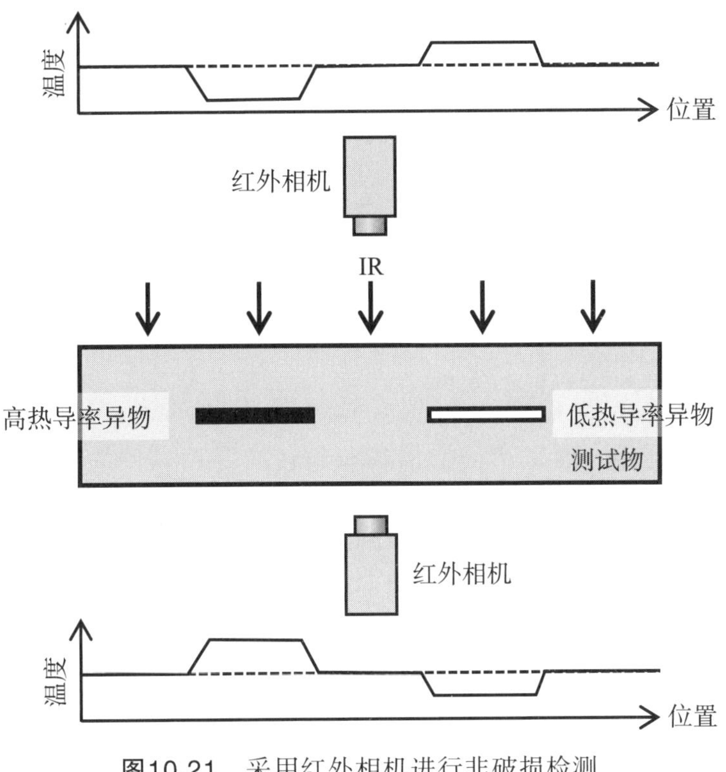

图10.21　采用红外相机进行非破损检测

比如，一个均匀的结构物内部形成一个腔体，加热结构物的内侧，用红外热像仪观测表面的温度变化，因为腔体部分的热传递比其他部位差，所以存在腔体的部位的表面温度上升得比其他地方慢。相反，从表面进行加热时，存在腔体的部位的表面温度上升得比其他地方快，所以可以通过观测表面温度的变化来检测结构物内的异常。结构物中含有比检查对象物的热导率高的异物时，会观测到相反的温度分布。

在红外线非破损检测中，使用太阳光等自然热源加热/冷却的方式称为被动法，使用灯等人工热源的方式称为主动法。另外，脉冲红外热成像（pulse infrared thermography）和锁相红外热成像（lock-in infrared thermography）也可以用于非破损检测。

图10.22是用主动法检测出铝制蜂窝结构的黏合不良的示例。

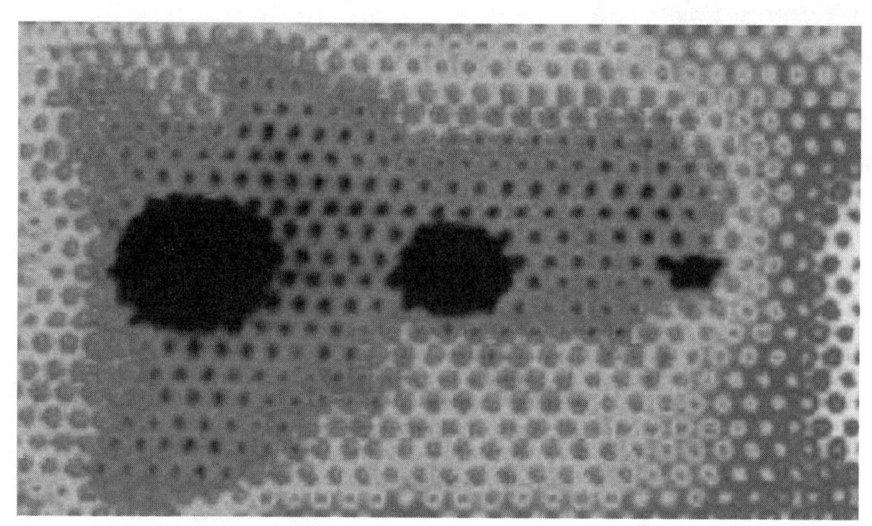

图10.22　通过红外相机探测铝制蜂窝结构的黏合不良

图10.23是用被动法检测出建筑物的墙面脱落的示例。在非破损检测中解析软件发挥着重要作用，所以市面上销售着组装有专用软件的系统[199, 200]。脉冲红外热成像法和锁相红外热成像法很重视响应速度，一般采用冷却红外相机，而对响应速度限制不严格的非破损检测中常使用非制冷IRFPA。

利用气体的分子振动吸收原理，开发出了图10.24所示的红外相机的气体探测技术[197]。观测对象辐射出的红外线，通过大气到达红外相机，但当大气中含有特定气体时，依赖于气体种类辐射出的红外线会被吸收一部分，所以与不存在气体的场所相比，到达红外相机的红外线的量会减少。因此，得到的红外图像反映了目标本身的红外线辐射量的分布和气体分布。因气体有无引起的红外线量的变化很小，将带通滤波器或IRFPA的光谱响应度特性配合气体的吸收波长，通过充分的S/N可以探测气体。

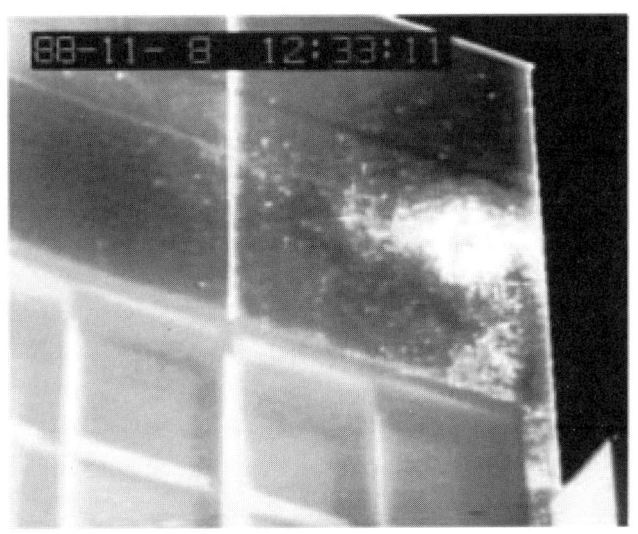

图10.23 通过红外相机探测墙面脱落

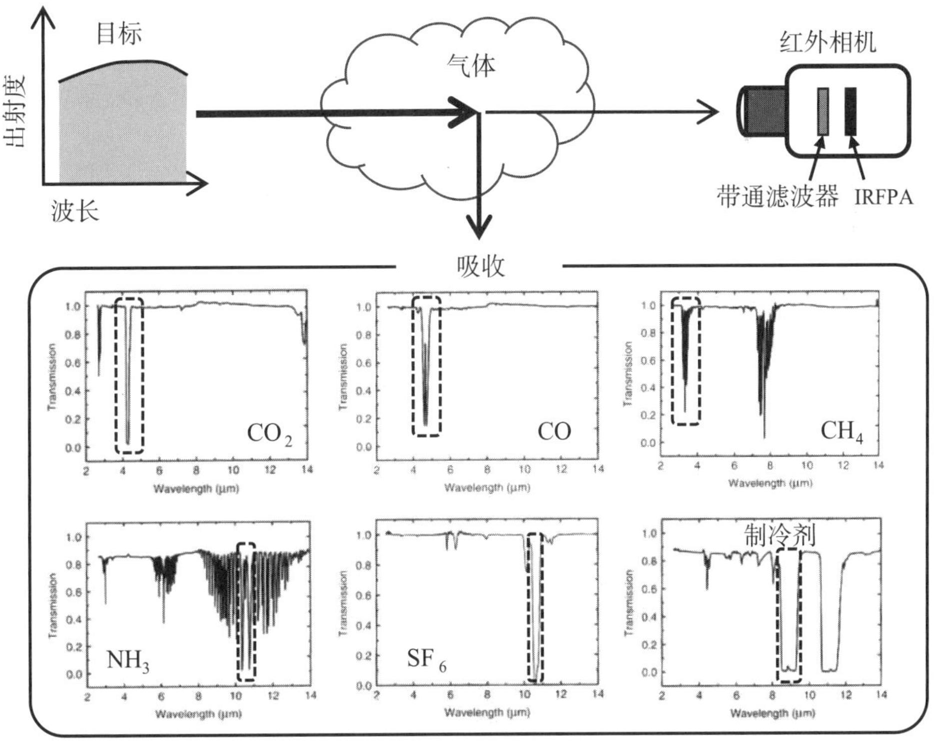

图10.24 采用红外相机的气体探测

在美国，环境保护署（environmental protection agency，EPA）负有定期检查大型设施排出的温室效应气体的义务，推荐使用红外相机的方法[201，202]。气体探测需要在狭窄波段内进行高响应度成像，以响应度取胜的冷却红外相机是目前的主流，但最近也开发出了使用性能提升了的非制冷IRFPA的气体探测红外相机[202]。非制冷方式具有成本优势。

参考文献

[1] P. Capper, C. T. Elliott. Infrared Detectors and Emitters: Materials and Devices. Kluwer Academic Publishers, Norwell, MA, USA, 2001.

[2] E. L. Dereniak, D. G. Crowe. Optical Radiation Detectors. John Wiley and Sons, New York, USA, 1984.

[3] P. W. Kruse. Uncooled Thermal Imaging Arrays, Systems and Applications. SPIE, Bellingham, MA, USA, 2001.

[4] P. W. Kruse, D. D. Skatrud. Uncooled Infrared Imaging Arrays and Systems. Academic Press, San Diego, CA, USA, 1997.

[5] W. Herschel. Experiments on the refrangibility of the invisible rays of the sun. Philosophical Transactions on the Royal Society of London, 1800, 90:284.

[6] T. Ishikawa, M. Ueno, K. Endo, Y. Nakaki, H. Hata, T. Sone, M. Kimata, T. Ozeki. Low-cost 320 × 240 uncooled IRFPA using conventional silicon IC process. Proc. SPIE, 1999, 3698:556-564.

[7] A. Rogalski. Infrared Photon Detectors. SPIE, Bellingham, MA, USA, 1995.

[8] W. D. Lawson, S. Nielson, E. H. Putley, A. S. Young. Preparation and properties of HgTe and mixed crystals of HgTe-CdTe. J. Phys. Chem. Solids, 1959, 9:325-329.

[9] P. J. Noble. Self-scanned silicon image detector arrays. IEEE Trans. Electron Devices, 1968, ED-15:202-209.

[10] W. S. Boyle, G. E. Smith. Charge-coupled semiconductor devices. Bell Syst. Tech. J., 1970, 49:587-593.

[11] M. Kimata, M. Denda, N. Yutani, S. Iwade, N. Tsubouchi. A 512 × 512 element PtSi Schottky-barrier infrared image sensor. IEEE JSSC, 1987, SC-22:1124-1129.

[12] N. Yutani, H. Yagi, M. Kimata, J. Nakanishi, S. Nagayoshi, N. Tsubouchi. 1040 × 1040 element PtSi Schottkybarrier IR image sensor. Tech. Digest IEDM, San Francisco, CA, USA, 1991, 175-178.

[13] H. C. Lim, S. Tsao, M. Taguchi, W. Zhang, A. A. Quivy, M. Razeghi. InGaAs/InGaP quantum-dot infrared photodetectors with a high detectivity. Proc. SPIE, 2006, 6127:61270N-1-61270N-1-6.

[14] C. Hanson, H. Beratan, R. Owen. Uncooled thermal imaging at Texas Instruments. Proc. SPIE, 1992, 1735:17-26.

[15] R. A. Wood, C. J. Han, P. W. Kruse. Integrated uncooled infrared detector imaging array. Tech. Dig. IEEE Solid-State Sensor and Actuator Workshop, 1992, 132-135.

[16] Y. Kosasayama, T. Sugino, Y. Nakaki, Y. Fujii, H. Inoue, H. Yagi, H. Hata, M. Ueno, M. Takeda, M. Kimata. Pixel scaling for SOI diode uncooled infrared focal plane arrays. Proc. SPIE, 2004, 5406:504-511.

[17] D. Murphy, M. Ray, R. Wyles, J. Asbrock, N. Lum, J. Wyles, C. Hewitt, A. Kennedy, D. V. Lue, J. Anderson, D. Bradley, R. Chin, T. Kostzewa. High sensitivity 25 μm microbolometer FPAs. Proc. SPIE, 2002, 4721:99-110.

[18] C. J. Han, R. Rawlings, M. Sweeney, S. Whicker, D. Peysha, J. E. Clarke, B. Sullivan, C. Li, and P. Howard. 320 × 240 and 640 × 480 UFPAs for TWS and DVE applications. Proc. SPIE, 2005, 5783:559-565.

[19] P. W. Norton, M. Kohin. Technology and applications advancements of uncooled imagers. Proc. SPIE, 2005, 5783:524-530.

[20] U. Mizrahi, A. Fraenkel, L. Bykov, A. Giladi, A. Adin, E. Ilan, N. Shiloah, E. Malkinson, Y. Zabar, D. Seter, R. Nakash, Z. Kopolovich. Uncooled detector development program at SCD. Proc. SPIE, 2005, 5783:551-558.

[21] J-L. Tissot, B. Fieque, C. Trouilleau, R. Robert, A. Crasters, C. Minssian, O. Legras. Firstdemonstrationof 640 × 480uncooledamorphous siliconIRFPA with25 μmpixel-pitch. Proc. SPIE, 2006, 6206:620618-1-620618-14.

[22] R. J. Blackwell, T. Bach, D. O' Donnell, J. Geneczko, M. Joswick. 17 μm pixel 640 × 480 microbolometer FPA development at BAE Systems. Proc. SPIE, 2007, 6542:65421U-1-65421U-4.

[23] C. Li, G. D. Skidmore, C. Howard, C. J. Han, L. Wood, D. Peysha, E. Williams, C. Trujillo, J. Emmett, G. Robas, D. Jardine, C-F. Wan, E. Clarke. Recent development of ultra-small pixel uncooled focal plane arrays at DRS. Proc. SPIE, 2007, 6542:65421Y-1-65421Y-12.

[24] D. Murphy, M. Ray, J. Wyles, C. Hewitt, R. Wyles, E. Gordon, K. Almada, T. Sessler, S. Baur, D. Van Lue, S. Black. 640 × 512 17μm microbolometer FPA and sensor development. Proc. SPIE, 2007, 6542:65421Z-1-65421Z-10.

[25] T. Endoh, S. Tohyama, T. Yamazaki, Y. Tanaka, K. Okuyama, S. Kurashina, M. Miyoshi, K. Katoh, T. Yamamoto, Y. Okuda, T. Sasaki, H. Ishizaki, T. Nakajima, K. Shinoda, T. Tsuchiya. Uncooled infrared detector with 12μm pixel pitch video graphics array. Proc. SPIE, 2013, 8704:87041G-1-87041G-11.

参考文献

[26] A. Kennedy, P. Masini, M. Lamb, J. Hamers, T. Kocian, E. Gordon, W. Parrish, R. Williams, T. LeBeau. Advanced uncooled sensor product development. Proc. SPIE, 2015, 9451:94511C-1-94511C-10.

[27] K-M. Muckensturm, D. Weiler, F. Hochschulz, C. Busch, T. Geruschke, S. Wall, J. He, D. Wu-rfel, R. Lerch, H. Vogt. Measurement results of a 12μm pixel size microbolometer array based on a novel thermally isolating structure using a 17μm ROIC. Proc. SPIE, 2016. 9819:98191N-1-98191N9.

[28] G. D. Skidmore. Uncooled 10μm FPA development at DRS. Proc. SPIE, 2016, 9819:98191O-1-98191O-9.

[29] D. Fujisawa, T. Maekawa, Y. Ohta, Y. Kosasayama, T. Ohnakado, H. Hata, M. Ueno, H. Ohji, R. Sato, H. Katayama, T. Imai, M. Ueno. 2-million-pixel SOI diode uncooled IRFPA with 15 μm pixel pitch. Proc. SPIE, 2012, 8352:83531G-1- 83531G -13.

[30] D. Murphy, M. Ray, A. Kennedy, J. Wyles, C. Hewit, R. Wyles, E. Gordon, T. Sessler, S. Baur, D. V. Lue, S. Anderson, R. Chin, H. Gonzalez, C. L. Pere, S. Ton, T. Kostrzewa. Expand applications for high performance VOx microbolometer FPAs. Proc. SPIE, 2005, 5783:448-559.

[31] C. Trouillwau, B. Fieque, S. Noblet, F. Giner, D. Pochic, A. Durand, P. Robert, S. Cortial, M. Vilain, J. L. Tissot, J. J. Yon. High-performance uncooled amorphous silicon TEC less XGA IRFPA with 17 μm pixel-pitch. Proc. SPIE, 2009, 7298:72980Q-1-72980Q-6.

[32] S. H. Black, T. Sessler, E. Gordon, R. Kraft, T Kocian, M. Lamb, R. Williams, T. Yang. Uncooled detector development at Raytheon. Proc. SPIE, 2011, 8012:80121A-1-80121A-12.

[33] 鈴木久之. World' s first commercial thermal sensor with 12μm pixel. 赤外線アレ イセンサフォーラム, 立命館大学, 2015.

[34] M. Ueno, Y. Kosasayama, T. Sugino, Y. Nakaki, Y. Fujii, H. Inoue, K. Kama, T. Seto, M. Takeda, M. Kimata. 640 × 480 pixel IR imaging uncooled infrared FPA with SOI diode detectors. Proc. SPIE, 2005, 5783:567-577.

[35] http://www.flir.com/cores/lepton/, 2017-9-9.

[36] https://www.ulis-ir.com/products/micro80.html, 2017-9-9.

[37] https://www.thermal.com/compact-series.html, 2018-2-13.

[38] 山中浩, 吉田岳司. MEMS 技術による小型高感度赤外線アレ イセンサ. Panasonic Technical Journal, 2012, 58: 68-70.

[39] https://industrial. panasonic. com/jp/products/sensors/built-in-sensors/grideye, 2018-2-13.

[40] 田中純一. 16 × 16素子サーモパイル赤外線アレ イセンサの開発. 赤外線アレ イセンサフォーラム, 立命館大学, 2013.

[41] 渡辺実. 2K画素サーモパイル赤外線イメージセンサーの開発. 赤外線アレ イセンサフォーラム, 立命館大学, 2012.

[42] 菱沼邦之. サーモパイル赤外線アレ イセンサ, 赤外線アレ イセンサフォーラム, 立命館大学, 2009.

[43] 河西宏之. 赤外線センサアレーモジュール製品のご紹介. 赤外線アレ イセンサフォーラム, 立命館大学, 2016.

[44] Private communication with Joerg Schieferdecker, 2016-08-3.

[45] Private communication with Wolfgang Schmidt, 2015-08-15.

[46] Private communication with Daniel Tefera, 2017-06-16.

[47] http://www.mitsubishielectric.co.jp/home/kirigamine/forte/comfort.html, 2018-02-13.

[48] 島本延亮, 杉山貴則. 赤外線アレ イセンサ "Grid-EYE" によるセンシングソリューション. 赤外線アレ イセンサフォーラム, 立命館大学, 2016.

[49] http://panasonic.jp/range/ne_bs1400/feature1.html, 2018-02-13.

[50] http://techon.nikkeibp.co.jp/atcl/feature/15/363080/101300003/-P=1, 2018-2-13.

[51] P. I. Oden, E. A. Wachter, P. G. Datskos, T. Thundat, R. J. Warmack. Optical and infrared detection using microcantilevers. Proc. SPIE, 1996, 2744:345-354.

[52] A. Flusberg, D. Deliwala. Highly sensitive infrared imager with direct optical readout. Proc. SPIE, 2006, 6206:62061E-1- 62061E1-8.

[53] R. D. Hudson. Infrared System Engineering. John Wiley and Sons, Inc., Hoboken, NJ, USA, 2006.

[54] J. M. Lloyd, Thermal Imaging Systems. Plenum Press, New York, USA, 1975.

[55] R. A. Wood. Uncooled thermal imaging with monolithic silicon focal planes. Proc. SPIE, 1993, 2020: 322-329.

[56] 株式会社アルバック. 新版真空ハンドブック (CD-ROM 版). オーム社, 2002.
[57] K. C. Liddiard. Application of interferometric enhancement to self-absorbing thin film thermal IR detectors. Infrared Phys., 1993, 34: 379-384.
[58] M. Hirota, S. Morita. Infrared sensor with precisely patterned Au-black absorption layer. Proc. SPIE, 1998, 3436: 623-635.
[59] E. J. Wollack, R. E. Kinzer, S. A. Rinehart. A cryogenic infrared calibration target. Review of Scientific Instruments, 2014, 85: 044707-1-044707-5.
[60] R. Lenggenhanger, H. Baltes, J. Peer, M. Forster. Thermoelectric infrared sensors by CMOS technology. IEEE Electron. Device Lett., 1992, 13: 454-456.
[61] R. Lenggenhager, H. Baltes, T. Elbel. Thermoelectric infrared sensors in CMOS technology. Sensors and Actuators A, 1993, 37-38: 216-220 .
[62] A. S. Weling , P. F. Henning. Antenna-coupled microbolometers for multi-spectral infrared imaging. Proc. SPIE, 2006, 6206: 62061F-1-62061F-8.
[63] J-Y. Jung, J. Y. Park, D. P. Neikirk. Wavelength-selective infrared detectors based on cross patterned resistive sheet. Proc. SPIE, 2009, 7298: 72980L-1-72980L-6.
[64] S. Ogawa, J. Komoda, K. Masuda, M. Kimata. Wavelength selective wideband uncooled infrared sensor using a two-dimensional plasmonic absorber. Optical Engineering, 2013, 52: 127104-1-127104-5.
[65] S. Ogawa, K. Okada, N. Fukushima, M. Kimata. Wavelength selective uncooled infrared sensor by plasmonics, . Applied Physics Letters, 2012, 100: 021111-1-021111-4.
[66] R. Fiete. Image quality and λ FN/p for remote sensing systems. Opt. Eng., 1999, 38: 1229-1240.
[67] H. Beratan, C. Hanson, E. G. Meissner. Low-cost uncooled ferroelectric detector. Proc. SPIE, 1994, 2274: 147-156.
[68] C. Hanson. Uncooled thermal imaging at Texas Instruments. Proc. SPIE, 1993, 2020: 330-339.
[69] R. Owen, S. Frank, C. Daz. Producibility of uncooled IRFPA detectors. Proc. SPIE, 1992, 1683: 74-80.
[70] R. Watton, P. A. Manning, M. J. C. Perkins, J. P. Gillham, M. A. Todd. Uncooled IR imaging: Hybrid and integrated bolometer arrays. Proc. SPIE, 196, 2744: 486-499.
[71] R. K. McEwen, P. A. Manning. European uncooled thermal imaging sensors. Proc. SPIE, 1999, 3698: 322-337.
[72] R. Watton, P. Manning. Ferroelectrics in uncooled thermal imaging. Proc. SPIE, 1998, 3436: 541-554.
[73] J. F. Belcher, C. M. Hanson, H. R. Beratan, K. R. Udayakumar, K. L. Soch. Uncooled monolithic ferroelectric IRFPA technology. Proc. SPIE, 1998, 3436: 611-622.
[74] C. M. Hanson, H. R. Beratan. Thin-film ferroelectrics: Breakthrough. Proc. SPIE, 2002, 4721: 91-99.
[75] C. M. Hanson, H. R. Beratan, J. F. Belcher. Uncooled infrared imaging using thin-film ferroelectrics. Proc. SPIE, 2001, 4288: 298-303.
[76] M. A. Todd, P. A. Manning, P. P. Donohue, A. G. Brown, R. Watton. Thin film ferroelectric materials for microbolometer arrays. Proc. SPIE, 2001, 4130: 128-139.
[77] H. Xu, T. Mukaigawa, K. Hashimoto, R. Kubo, T. Kiyomoto, H. Zhu, M. Noda, M. Okuyama. Si monolithic microbolometers of ferroelectric BST thin film combined with readout FET for uncooled infrared image sensor. Tech Dig. 10th Int. Conf. Solid-State Sensors and Actuators (Transducers), 1999, 398-401.
[78] H. Xu, K. Hashimoto, T. Mukaigawa, H. Zhu, R. Kubo, T. Usuki, H. Kishihara, M. Noda, Y. Suzuki, M. Okuyama. Development of Si monolithic (Ba, Sr) TiO3 thin-film ferroelectric microbolometers for uncooled chopperless infrared sensing. Proc. SPIE 4130, 2000, 140-151.
[79] N. Fujitsuka, J. Sakata, Y. Miyachi, K. Mizuno, K. Ohtsuka, Y. Taga, O. Tabata. Monolithic pyroelectric infrared image sensor using PVDF thin film. Proc. Int. Conf. Solid-State Sensors and Actuators (Transducers), 1997, 1237-1240.
[80] P. W. Kruse, L. D. McGlauchlin, R. B. McQuistan. Elements of Infrared Tcchnology:Generation, Transmission, and Detection. John Wiley and Sons, New York, USA, 1962.
[81] K. C. Liddiard. Thin-film resistance bolometer IR detectors. Infrared Phys., 1983, 24: 57-64.
[82] R. A. Wood. High-performance infrared thermal imaging with monolithic silicon focal planes operating at room temperature. Proc. IEEE IEDM, 1993, 175-177.

[83] R. Herring, P. E. Howard. Design and performance of the ULTRA 320 × 240 uncooled focal plane array and sensor. Proc. SPIE, 1996, 2746: 2-12 .

[84] P. E. Howard, J. E. Clarke. Advanced high-performance 320 × 240 VOx microbolometer uncooled IR focal plane. Proc. SPIE, 1999, 3698: 131-137.

[85] C. Marshall, N. Butler, R. Blackwell, R. Murphy, T. Breen. Uncooled infrared sensor with digital focal plane array. Proc. SPIE, 1996, 2746: 23-31.

[86] W. Radford, D. Murphy, M. Ray, S. Propst, A. Kennedy, J. Kojiro, J. Woolaway, K. Soch, R. Coda, G. Lung, E. Moody, D. Gleichman, S. Baur. 320 × 240 silicon microbolometer uncooled IRFPAs with on-chip offset correction. Proc. SPIE, 1996, 2746: 82-92.

[87] B. Terre, B. Cannata, P. Franklin, A. Gonzalez, E. Kurth, H. Ly, B. Parrish, K. Peters, T. Romeo, B. VanYsseldyk. Microbolometer development and production at Indigo Systems. Proc. SPIE, 2003, 5074: 518-526.

[88] H. Wada, M. Nagashima, N. Oda, T. Sasaki, A. Kawahara, M. Kanzaki, Y. Tsuruta, T. Mori, S. Matsumoto, T. Sima, M. Hijikawa, N. Tsukamoto, H. Gotoh. Design and performance of 256 × 256 bolometer-type uncooled infrared detector. Proc. SPIE, 1998, 3379: 90-100.

[89] J. Brady, T. Schimert, D. Ratcliff, R. Gooch, B. Ritchey, P. McCardel, K. Rachels, S. Ropson, M. Wand, W. Weinstein, J. Wynn. Advances in amorphous silicon uncooled IR systems. Proc. SPIE, 1999, 3698: 161-167.

[90] G. L. Francisco. Amorphous silicon bolometer for fire/rescue. Proc. SPIE, 2001, 4360: 138-148.

[91] E. Mottin, A. Bain, J. L. Martin, J. L. Ouvrier-Buffet, J. J. Yon, J. P. Chatard, Tissot. Uncooled amorphous silicon technology: High performance achievement and feature trends. Proc. SPIE, 2002, 4721: 56-63.

[92] J-L. Tissot, F. Rothan, C. Vedel, M. Vilain, J-J. Yon. LETI/LIR’ s amorphous silicon uncooledmicrobolometer development. Proc. SPIE, 1998, 3436: 139-144.

[93] J-L. Tissot, J-J. Martin, E. Mottin, M. Viain, J-J. Yon, J. P. Chatard. 320 × 240 microbolometer uncooled IRFPA development. Proc. SPIE, 2000, 4130: 473-479.

[94] M. H. Unewiss, B. I. Craig, R. J. Watson, O. Reinholed, K. C. Liddiard. The growth and properties of semiconductor bolometers for infrared detection. Proc. SPIE, 1995, 2554: 43-54.

[95] C. Vedel, J-L. Martin, J. L. Ouvrier-Buffet, J-L. Tissot, M. Vilain, J-J. Yon. Amorphous silicon based uncooled microbolometerIRFPA. Proc SPIE, 1999, 3698: 276-283.

[96] S. Eminogl, D. S. Tezcan, T. Akin. A CMOS n-well microbolometer FPA with temperature coefficient enhancement circuitry. Proc. SPIE, 2001, 4369: 240-249.

[97] D. S. Tezcan, S. Eminoglu, O. S. Akae, T. Akin. An uncooled microbolometer infrared focal plane array in standard CMOS. Proc. SPIE, 2001, 4288: 112-121.

[98] M. Henini, M. Razeghi. Handbook of Infrared Detection Technologies. Elsevier Science Ltd, Oxford, UK, 2002.

[99] V. N. Leonov, Y. Greten, P. D. Moor, B. D. Bois, C. Goessens, B. Grietens, P. Merken, N. A. Perova, G. Puttens, C. V. Hoof, A. Verbist, J. Veermeiren. Small two-dimensional and linear arrays of polycrystalline SiGe microbolometers at IMEC-Xenics. Proc. SPIE, 2003, 5074: 446-457.

[100] D. P. Moor, J. John, S. Sedky, C. V. Hoof. Linear arrays of fast uncooled poly SiGe microbolometers forIR detection. Proc. SPIE, 2000, 4028: 27-34.

[101] S. Sedky, P. Fiorini, M. Caymax, C. Baert, L. Hermans, R. Mertens. Characterization of bolometers based on polycrystalline silicon germanium alloys. IEEE Eelctron Device Lett., 1998, 19: 376-378.

[102] M. Rana, D. P. Butler. Amorphous GexSi1-x and GexSi1-xOy thin films for uncooled microbolometers. Proc. SPIE, 2005, 5783: 597-606.

[103] M. L. Hai, M. Hesan, J. Lin, Q. Cheng, M. Jalal, A. J. Syllaios, S. Ajmera, M. Almasri. Uncooled silicon germanium oxide (SixGeyO1-x-y) thin films for infrared detection. Proc. SPIE, 2012, 8353: 835317-1-835317-14.

[104] P. Ericsson, A. C, Fischer, F. Forsberg, N. Roxhed, B. Samel, S. Savage, G. Stemme, S. Wissmar, O. Oberg, F. Niklaus, Towards 17 μm pitch heterogeneously integrated Si/SiGe quantum well bolometer focal plane arrays. Proc. SPIE, 2011, 8012: 801216-1-801216-10.

[105] A. Rober, A. Lapadatu, E. Wolla, G. Kittisland. High performance LWIR microbolomerter with Si/SiGe quantum well thermistor and wafer level package. Proc. SPIE, 2013, 8704: 87041B-1-87041B-9.

[106] M. Almasri, D. P. Butler, Z. Celik-Butler. Semiconducting YBCO bolometers for uncooled IR detection. Proc. SPIE, 2000, 4028: 17-26.

[107] A. Jahanzeb, C. M. Traverse, Z. Celik-Butler, D. P. Butler, S. G. Tan. A semiconductor YBaCuO microbolometerforroom temperature IR imaging. IEEE Trans. Electron Devices, 1997, 44: 1795-1801.

[108] Z. Celik-Butler, D. P. Butler, A. Yildiz. Room-temperature YBaCuO infrared detectors on a flexible substrate. Proc. SPIE, 2002, 4721: 260-268.

[109] H. Wada, T. Sone, H. Hata, Y. Nakaki, O. Kaneda, Y. Ohta, M. Ueno, M. Kimata. YBaCuO uncooled microbolometer IRFPA. Sensors and Materials., 2000, 12: 315-325.

[110] P. A. Manning, J. P. Gillha, N. J. Parkinson, T. P. Kaushal. Silicon foundry micro-bolometers - The route to the mass marketthermal imager. Proc. SPIE, 2004, 5406: 465-472.

[111] A. Tanaka, S. Natsumoto, B. Tsukamoto, S. Itoh, K. Chiba, T. Endoh, A. Nakazato, K. Okuyama, Y. Kumazawa, M. Hijikawa, H. Gotoh, T. Tanaka, N. Teranishi. Infrared focal plane array incorporating silicon IC process compatible bolometer. IEEE Trans. Electron Devices, 1996, 43: 1844-1850.

[112] Y. S. Lee, D. S. Kim, Y-C. Jung, H. C. Lee. Electric characteristic of nickel oxide film for microbolometer. Proc. SPIE, 2011, 8012: 80121P-1-80121P-7.

[113] Y. Jim, D. S. John, T. N. Jackson, M. W. Horn. Nickel oxide and molybdenumoxide thinfilms forinfraredimagingpreparedbybiasedtarget ion-beam deposition. Proc. SPIE, 2014, 9070: 90701S-1-90701S-8.

[114] Y. Jeong, M-H. Kwon, S. G. Kang, H. Jung. Development of titanium oxidebased12 μmpixelpitchuncooledinfrareddetector. tobepublishedin Proc. SPIE, 2018, 10624.

[115] T. Endoh, S. Tohyama. T. Yamazaki, Y. Tanaka, K. Okuyama, S. Kurashima, M. Miyoshi, K. Katoh, T. Yamamoto, Y. Okuda, T. Sasaki. Uncooled infrared detector with 12 μm pixel pitch video graphic array. Proc. SPIE, 2013, 8704: 87031G-1-8704G-10.

[116] W. Radford, D. Murphy, A. Finch, K. Hay, A. Kennedy, M. Ray, A. Sayed, J. Wyles, J. Varesi, E. Moody, F. Cheung, Sensitivity improvements in uncooled microbolometer FPAs. Proc. SPIE, 1999, 3698: 119-130.

[117] D. Murphy, A. Kennedy, M. Ray, J. Wyles, J. Asbrock, C. Hewitt, D. V. Lue, T. Sessler, J. Anderson, D. Bradley, R. Chin, H. Gonzalez, C. L. Pere, T. Kostrzewa. Resolution and sensitivity improvements for VOx microbolometer FPAs. Proc. SPIE, 2003, 5074, : 402-413.

[118] D. Murphy, M. Ray, A. Kennedy, J. Wyles, C. Hewitt, E. Gordon, T. Sessler, S. Baur, D. V. Lue, S. Anderson, R. Chin, H. Gonzalez, C. L. Pere, S. Ton. High sensitivity 640 × 512 (20 μm pitch) microbolometer FPAs. Proc. SPIE, 2006, 6206: 62061A-1-1-62061A-14.

[119] H. Jerominek, T. D. Pope, C. Alain, A. Zhang, F. Picard, M. Lehoux, F. Cayer, S. Savard, C. Larouche, C. Crenier. Miniature VO2-based bolometric detectors for high-performance uncooled FPAs. Proc. SPIE, 2000, 4028: 47-56.

[120] H-K. Lee, J-B. Yoon, E. Yoon, S-B. Ju, Y-J. Yong, W. Lee, S-G. Kim. A high fill-factor IR bolometer using multi-level electrothermal structures. Tech. Dig. IEEE Int. Electron Device Meeting, 1998, 463-466.

[121] S. Tohyama, M. Miyoshi, S. Kurashina, N. Ito, T. Sasaki, A. Ajisawa, N. Oda. New thermal isolation pixel structure for high-resolutionuncooled infrared FPAs. Proc. SPIE, 2004, 5406: 428-436.

[122] K. A. Hay, D. V. Deusen. Uncooled focal plane array detector development at Infrared Vision Technology Corporation. Proc. SPIE, 2005, 5783: 514-523.

[123] K-M. Muckensturm, D. Weiler, F. Hochschulz, C. Busch, T. Geruschke, S. Wall, J. Heb, D. Wufel, R. Lerch, H. Vogt. Measurement results of a 12μm pixel size microbolometer array based on a novelthermally isolating structure using 17μm ROIC. Proc. SPIE, 2016, 98191N-1-98191N-9.

[124] M. Altman, B. Backer, M. Kohin, R. Blackwell, N. Butler, J. Cullen. Lockheed Martin’s 640 × 480 uncooled microbolometer camera. Proc. SPIE, 1999, 3698: 137-143.

[125] P. W. Norton, S. Cox, B. Murphy, K. Grealish, M. Joswick, B. Denley, F. Feda, L. Elmali, M. Kohin. Uncooled thermal imaging sensor and application advances. Proc. SPIE, 2006, 6206, : 620617-1-620617-7.

[126] E. Mottin, J-L. Martin, J-L. Ouvrrier-buffet, M. Vilain, A. Bain, J-J. Yon, J-L. Tissot, J-P. Chatard. Enhanced amorphous silicon technology for 320 × 240 microbolometer arrays with a pitch of 35 μm. Proc. SPIE, 2001, 4369: 250-256 (2001).

[127] J-J. Yon, A. Astier, S. Bisotto, G. Chamings, A. Durand, J. L. Martin, E. Mottin, J. L. Ouvrier-Buffet, J-L. Tissot. First demonstration of 25 μm pitch uncooled amorphous silicon microbolometer IRFPA at LETI-LIR. Proc. SPIE, 2005, 5783: 432-440.

[128] D. Weiler, F. Hochschulz, D. Wurfel, R. Lerch, T. Geruschke, S. Wall, J, Heb, Q. Wang, H. Vogt. Uncooled digital IRFPA-family with 17μm pixel-pitch based on amorphous silicon with massively parallel sigma-delta-ADC readout. Proc. SPIE, 2014, 9070: 90701M-1-90701M-6.

[129] C. Li, C. J. Han, G. D. Skidmore, G. Cook, K. Kubala, R. Bates, D. Temple, J. Lannon, A. Hilton, K. Glukh, B. Hardy. Low cost uncooled VOx infrared camera development. Proc. SPIE, 2013, 8704: 87041L-1-87041L-10.

[130] C. Li, G. D. Skidmore, C. J. Han. Uncooled VOx Infrared Sensor Development and Application. Proc. SPIE, 2011, 8012: 80121N-1-80121N-8.

[131] A. Durand, J. L. Tissot, P. Robert, S. Cortial, C. Roman, M. Vilain, O. Legras. VGA 17 μm development for compact, low power systems. Proc. SPIE, 2011, 8012: 80121C-1-80121C-7.

[132] U. Mizrahi, N. Argaman, S. Elkind, A. Giladi, Y. Hirsh, M. Labilov, I. Pivnik, N. Shiloah, M. Singer, A. Tuito, M. Ben-Ezra, I. Shitrichman. Large format 17μm high-end VOx --Bolometer infrared detector. Proc. SPIE, 2013, 8704: 87041H-1-87041H-8.

[133] J. Lee, C. Rodriguez, R. Blackwell. BAE Systems' 17μm LWIR camera core for civil, commercial and military applications. Proc. SPIE, 2013, 8704: 87041J-1-87041J-6.

[134] U. Mizrahi, S. Yuval, Y. Hirsh, Y. Sinai, Y. Lury, Y. Gridish, N. Syrel, Y. Shamay, R. Meshorer, R. Iosevich, S. L. Horesh. Low-SWaP shutterless uncooled video core by SCD. Proc. SPIE, 2015, 9451: 94511E-1-94511E-9.

[135] A. Kennedy, P. Masini, M. Lamb, J. Hamers, T. Kocian, E. Gordon, W. Parrish, R. Williams, T. LeBeau. Advanced uncooled sensor product development. Proc. SPIE, 2015, 9451: 94511C-1-94511C-10.

[136] L. Sengupta, P-A. Auroux, D. McManus, D. A. Harris, R. J. Blackwell, J. Bryant, M. Boal, E. Binkerd. BAE Systems' SMART chip camera FPA development. Proc. SPIE, 2015, 9451: 94511B-1-94511B-7.

[137] J-L. Tissot, A. Crastes, C. Trouilleau, B. Fieque, S. Tinnes. Multipurpose high performance 160 × 120 uncooled IRFPA. Proc. SPIE, 2004, 5406: 550-556.

[138] G. R. Lahiji, K. D. Wise. A batch-fabricated silicon thermopile infrared detector. IEEE Trans. Electron. Devices, 1982, ED-29: 14-22.

[139] I. H. Choi, K. D. Wise. A silicon-thermopile-based infrared sensing array for use in automated manufacturing. IEEE Trans. Electron Devices, 1986, ED-32: 72-79.

[140] R. Lenggenhager, H. Baltes, T. Elbel. Thermoelectric infrared sensors in CMOS technology. Sensors and Actuators A, 1993, 37-38: 216-220.

[141] A. D. Oliver, K. D. Wise. A 1024-element bulk-micromachined thermopile infrared imaging array. Sensors and Actuators, 1999, 73: 222-231.

[142] N. Schneeberger, O. Paul, H. Baltes. Optimization structured absorbers for CMOS infrared detectors. Proc. Transducers '95 and Eurosensors IX, 1995, 25-29.

[143] U. Munch, D. Jaeggi, N. Schneeberger, A. Schaufelberbuhl, O. Paul, H. Baltes, J. Jasper. Industrial fabrication technology for CMOS infrared sensor arrays. Proc. Transducers '97, 1997, 205-208.

[144] A. Schaufelbuhl, N. Scheeberger, U. Munch, M. Waelti, O. Paul, O. Brand, H. Baltes, C. Menolfi, Q. Huang, E. Doering, M. Loepfe. Uncooled low-cost thermal imager based on micromachined CMOS integrated sensor array. IEEE J. MEMS, 2001, 10: 503-510.

[145] M. Hirota, F. Satou, M. Saito, Y. Kishi, Y. Nakajima, M. Uchiyama. Thermoelectric infrared imager and automotive applications. Proc. SPIE, 2001, 4369: 312-321.

[146] M. Hirota, Y. Nakajima, M. Saito, F. Satou, M. Uchiyama. 120 × 90element thermopile array fabricated with CMOS technology. Proc. SPIE, 2003, 4820: 239-249.

[147] T. Kanno, M. Saga, S. Matsumoto, M. Uchida, N. Tsukamoto, A. Tanaka, S. Itoh, A. Nakazato, T. Endoh, S. Tohyama, Y. Yamamoto, S. Murashima, N. Fujimoto, N. Teranishi, Uncooled infrared focal plane array having 128 × 128 thermopile detector elements. Proc. SPIE, 1994, 2269: 450-459.

[148] M. C. Foote, E. W. Jones. High performance micromachined thermopile linear arrays. Proc. SPIE, 1998, 3379: 192-197.

[149] M. C. Foote, E. W. Jones, T. Caillat. Uncooled thermopile infrared detector linear arrays with detectivity greater than 109 cmHz1/2/W. IEEE Trans. Electron Devices, 1998, 45: 1896-1902.

[150] M. C. Foote, S. Gaalema. Progress towards high performance thermopile imaging arrays. Proc. SPIE, 2001, 4369: 350-355.

[151] A. Dehe, K. Fricke, H. L. Hartnagel. Infrared thermopile sensor based on AlGaAs-GaAs micromachining. Sensors and Actuators A, 1995, 46-47: 432-436.

[152] A. Dehe, D. Pavlidis, K. Hong, H. L. Hartnagel. InGaAs/InP thermoelectric infrared sensor utilizing surface bulk micromachining technology. IEEE Trans. Electron Devices, 1997, 44: 1052-1059.

[153] S. M. Sze. Physics of Semiconductor Devices. John Wiley and Sons, New York, 1969.

[154] M. Suzuki, K. Makino, A. Tanaka, R. Asahi, O. Tabata, S. Sugiyama, M. Takigawa. An infrared detector using poly-silicon p-n junction diode. Tech. Dig. 9th Sensor Symposium, 1990, 71-74.

[155] A. Tanaka, M. Suzuki, R. Asahi, O. Tabata, S. Sugiyama. Infrared linear image sensor using a poly-Si pn junction diode array. Infrared Phys., 1992, 33: 229-236.

[156] R. Asahi, O. Tabata, F. Suzuki, S. Sugiyama, M. Suzuki, A. Tanaka. An infrared imaging sensor using poly-silicon p-n junction diodes. Tech. Dig. 11th Sensor Symposium, 1992, 99-102.

[157] M. Kimata, M. Ueno, M. Takeda, T. Seto, SOI diode uncooled infrared focal plane arrays. Proc. SPIE, 2006, 6127: 61270X-1-61270X-11.

[158] T. Ishikawa, M. Ueno, Y. Nakaki, K. Endo, Y. Ohta, J. Nakanishi, K. Kosasayama, H. Yagi, T. Sone, M. Kimata. Performance of 320 × 240uncooled IRFPA with SOI diode detectors. Proc. SPIE, 2000, 4130: 152-159.

[159] Y. Nakaki, H. Hata, H. Yagi, H. Inoue, T. Sugino, M. Ueno, M. Takeda, M. Kimata. Dry micromachining process for uncooled IR FPA with SOI diode detectors. Proc. SENSOR 2003, 179-184.

[160] D. Takamuro, T. Maegawa, T. Sugino, Y. Kosasayama, T. Ohnakado, H. Hata, M. Ueno, H. Fukumoto, K. Ishida. Development of new SOI diode structure for beyond 17μm pixel pitch SOI diode uncooled IRFPAs. Proc. SPIE, 2011, 8012: 80121E-1-80121E-10.

[161] 小笹山, 杉野, 中木, 上野, 釜. 高感度 SOI ダイオード方式非冷却赤外線 FPA. 映像情報メディア学会技術報告, 2008, 32: 21-26.

[162] S. Eminoglu, M. Y. Tanrikulu, D. S. Tezcan, T. Akin. A low-cost small pixel uncooled infrared detector for large focal plane arrays using a standard CMOS process. Proc. SPIE, 2002, 4721: 111-121.

[163] S. Eminoglu, M. Y. Tanrikulu, T. Akin. Low-cost uncooled infrared detector arrays in standard CMOS. Proc. SPIE, 2003, 5074: 425-436.

[164] J. E. Murguia, P. K. Tedrow, F. D. Shepherd, D. Leahy, M. M. Weeks. Performance analysis of a thermoionic thermal detector at 400 K, 300 K, and 200 K. Proc. SPIE, 1999, 3698: 361-375.

[165] R. Amantea, C. M. Knoedler, F. P. Pantuso, V. K. Patel, D. J. Sauer, J. R. Tower. An uncooled IR imager with 5mK NETD. Proc. SPIE, 1997, 3061: 210-222.

[166] W. Wang, V. Ypadhyay, C. Munoz, J. Bumgarner, O. Edwards. FEA simulation, design and fabrication of uncooled MEMS capacitive thermal detector for infrared FPA imaging. Proc. SPIE, 2006, 6206: 62061L-1-62061L-12.

[167] S. R. Hunter, R. A. Amante, L. A. Goodman, D. B. Kharas, S. Gershtein, J. R. Matey, S. N. Perna, Y. Yu, N. Maley, L. K. White, High sensitivity uncooled microcantileverinfrared imaging arrays. Proc. SPIE, 2003, 5074: 469-480.

[168] R. Amantea, L. A. Goodman, F. Pantuso, D. J. Sauer, M. Varghese, T. S. Villani, L. K. White. Progress towards an uncooled IR imager with 5 mK NETD. Proc. SPIE, 1998, 3436: 647-659.

[169] S. R. Hunter, G. S. Mauer, G. Simelgor, J. Jiang. High sensitivity uncooled microcantileverinfrared imaging arrays. Proc. SPIE, 2006, 6206: 62061J-1-1-62061J-12.

[170] P. G. Datskos, S. Rajic, L. R. Senesac, D. D. Earl, B. M. Evans, J. L. Corbeil, I. Datskou. Opticalreadout of uncooled thermal detectors. Proc. SPIE, 2000, 4230: 185-197.

[171] T. Ishizuya, J. Suzuki, K. Akagawa, T. Kazama. Optically readable bi-materials infrared detector. Proc. SPIE, 2001, 4369: 342-349.

[172] Y. Zhao, J. Choi, R. Horowtz, A. Majumdar, J. Kitching, P. Norton. Characterization and performance of optomechanical uncooled infrared imaging system. Proc SPIE, 2003, 4820: 164-174.

[173] M. Wu, J. Cook, R. D. Vito, J. Li, E. Ma, R. Murano, N. Nemchuk, M. Tabasky, M. Wagner. Novel low-cost uncooled infrared camera. Proc. SPIE, 2005, 5783: 496-505.

[174] L. Secundo, Y. Lubianiker, A. J. Agranat. Uncooled FPA with optical reading: Reaching the theoretical limit. Proc. SPIE, 2005, 5783: 483-495.

[175] B. E. Cole, R. E. Higashi, J. A. Ridely, R. A. Wood. Integrated vacuum packaging forlow-costlight-weight uncooled microbolometer arrays. Proc. SPIE, 2001, 4369: 235-239.

[176] H. Hata, Y. Nakaki, H. Inoue, Y. Kosasayama, Y. Ohta, H. Fukumoto, T. Seto, K. Kama, M. Takeda, M. Kimata. Uncooled IRFPA with chip scale vacuum package. Proc. SPIE, 2006, 6206: 620612-1-620619-10.

[177] T. Ito, T. Tokuda, M. Kimata, H. Abe, N. Tokashiki. Vacuum packaging technology for mass production of uncooled IRFPAs. Proc. SPIE, 2009, Vol. 7298: 72982A-1-72982A-10.

[178] M. Kimata, T. Tokuda, A. Tsuchinaga, T. Matsumura, H. Abe, N. Tokashiki. Vacuum packaging technology for uncooled infrared sensor. IEEJ Transactions on Electrical and Electronic Engineering, 2010, 5: 175-180.

[179] A. Astier, A. Arnaud, J-L. Ouvrier-Buffet, J-J. Yon, E. Motin. Advanced packaging developed for very low cost uncooled IRFPA. Proc. SPIE, 2004, 5406: 412-421.

[180] G. Dumont, A. Arnaud, P. Imperinetti, C. Vialle, W. Rabaud, V. Goudon, J-J. Yon. Innovative on-chip packaging applied to uncooled IRFPA. Proc. SPIE, 2008, 6940: 69401Y-1-69401Y-6.

[181] J. J. Yon, G. Dumont, V. Goudon, S. Becker, A. Arnaud. Latest improvements in microbolometer thin film packaging: Paving the way for low cost consumer applications. Proc. SPIE, 2014, 9070: 90701N-1-90701N-8.

[182] 森隆二. 赤外線センサ用真空封止パッケージング技術. 赤外線アレイセンサフォーラム, 立命館大学, 2014.

[183] D. C. Harris. Materials for Infrared Windows and Domes. SPIE, Bellingham, WA, 1999.

[184] http://eom.umicore.com/storage/eom/gasir1-for-infrared-optics.pdf, 2018-2-13.

[185] http://www.lightpath.com/wp-content/uploads/2015/11/LPTHCORP-1512_BD6-Glass-Datasheet.pdf, 2018-2-13.

[186] http://www. sei. co. jp/zns_lens/, 2018-2-13.

[187] Tom Krekels. High volume moulded optics. 赤外線アレイセンサフォーラム, 立命館大学, 2013.

[188] M. Vollmer, K.-P. Mollmann. Infrared Thermal Imaging. Wiley-VCH Verlag GmbH, Weinheim, Germany, 2010.

[189] H. Budzier, G. Gerlach. thermal infrared sensors. John Wiley & Sons, Ltd., West Sussex, UK, 2011.

[190] W. Minkina, S. Dudzik. Infrared Thermopgraphy. John Wiley and Sons, Ltd, West Sussex, UK, 2009.

[191] http://www.nightdriversystems.com/nightdriver.html, 2017-9-1.

[192] https://archives.media.gm.com/ca/gm/en/news/releases/archived%20releases/8f8b67f39a2b5d948525696d00711289.htm, 2017-9-1.

[193] http://www.honda.co.jp/tech/auto/night-vision/, 2017-9-1.

[194] Infrared Imaging News (Maxtech Intl), 2005, 11: Issue 8.

[195] http://www.flir.com/cvs/cores/view/-id=51221, 2017- 9-1.

[196] http://www.autolivnightvision.com/vehicles/, 2017-9-1.

[197] The World Market for Commercial and Dual-Use Infrared Imaging and Infrared Thermometry Equipment, Maxtech Intl, 2012.

[198] H. Kaplan. Practical Applications of Infrared Thermal Sensing and Imaging Equipment. SPIE Press, 2007.

[199] https://www.edevis.com/content/en/index.php, 2018-2-13.

[200] http://www.w-e-shikoku.co.jp/business/jsystem.html, 2018-2-13.

[201] Infrared Imaging News (Maxtech Intl), January Issue, 2017.

[202] Infrared Imaging News (Maxtech Intl), June Issue, 2016.

附　录

附表 1　本书符号及其说明

符　号	说　明
$\overline{\Delta P_F^2}$	热功率的均方根波动值
$\overline{\Delta T_d^2}$	探测器温度的均方根波动值
A_d	探测器面积
A_j	二极管的结面积
B	频带
B_{CAL}	温度校正中由有效波长决定的常数
C_E	铁电电容器的电容
C_H	探测器的热容量
C_{hm}	热容量的调和平均值
D	探测率
D^*	比探测率
D^*_{BF}	背景噪声界限比探测率
D^*_{TF}	温度噪声界限比探测率
E	电场强度
E_G	半导体的带隙能量
F	镜片的 F 值
F_{CAL}	温度校正中表示线性特性的常数
G_{GAS}	气体的热导
G_{RAD}	辐射传热
G_{SUP}	支架的热导
G_T	总热导
G_i	编号 i 的像素的灵敏度校正量
I_B	电阻测辐射热计的偏置电流
I_F	二极管的正向电流
I_S	信号电流
I_{Srms}	信号电流的有效值
$I_e(\lambda, T)$	波长范围 λ、温度 T 的光谱辐射亮度
$I_e(\lambda_1\text{-}\lambda_2, T)$	波长范围 $\lambda_1 \sim \lambda_2$、温度 T 的辐射亮度
J_S	二极管的反向饱和电流
K	与表示二极管特性的温度无关的常数
L	距离
L_{HFOV}	水平视场
L_{IFOV}	瞬时视场

续附表 1

符　号	说　明
L_{VFOV}	垂直视场
$M_e(\lambda, T)$	波长范围 λ、温度 T 的光谱辐射出射度
N	像素
$NETD$	噪声等效温差
$NETD_{\mathrm{BF}}$	背景噪声限值噪声等效温差
$NETD_{\mathrm{TF}}$	温度噪声限值噪声等效温差
O_{CAL}	温度校正中系统的偏移量
O_{i}	编号 i 的像素的偏移校正量
$P(T)$	温度 T 的辐射功率
P_{COND}	通过支架和气体的热导传递的热功率
P_{GAS}	分子流区域的气体的热传递功率
P_{N}	噪声等效功率
P_{NTL}	噪声等效功率的理论界限值
P_{RAD}	通过红外线辐射传递的热功率
P_{S}	铁电体的自发极化
P_{TOT}	传递的整体功率
R_{B}	电阻测辐射热计的电阻值
R_{B0}	温度 T_0 的电阻测辐射热计的电阻值
R_{CAL}	温度校正中由系统灵敏度决定的常数
R_{D}	热电堆的电阻值
R_{TBB}	黑体温度响应度
R_{TM}	温度传感器的灵敏度
R_{V}	电压响应度
R_{a}	放大器的输入电阻值
R_{loss}	铁电体的损失电阻值
R_{p}	并联电阻值
S/N	信号噪声比
T	温度
T_0	基准温度
T_1	（高温侧）温度
T_2	（低温侧）温度
T_{C}	居里温度
T_{d}	受光部位的温度
T_{g}	气体的温度
T_{s}	传感器周围的温度（含基板）
V	电压
$V_{\mathrm{A}}(P(T))$	温度 T、辐射功率 $P(T)$ 的平均输出电压
$V_{\mathrm{C}}(X)$	辐射功率 X 中校正后的输出电压
$V_{\mathrm{CAL}}(T)$	温度校正 IRFPA 的温度 T 的输出电压

续附表 1

符　号	说　明
V_{F}	二极管的正向电压
V_{NF}	铁电体红外探测器的噪声
V_{NFP}	固定模式噪声（rms 值）
V_{NJ}	约翰逊噪声（rms 值）
V_{NS}	散粒噪声（rms 值）
V_{NT}	总噪声（rms 值）
V_{NTMP}	暂态噪声（rms 值）
V_{Nf}	$1/f$ 噪声（rms 值）
$V_{\mathrm{Np\text{-}p}}$	噪声振幅
V_{S}	信号电压
V_{Srms}	信号电压有效值
$V_{\mathrm{i}}(P(T))$	编号 i 的像素的温度 T、辐射功率 $P(T)$ 的输出电压
$V_{\mathrm{i}}(X)$	编号 i 的像素的辐射功率 X 的输出电压
Z	热电材料的性能指标
a	基于气体热传递的适应系数
c	光速
c_1	第一辐射常量
c_2	第二辐射常量
d_{gap}	受光部位和基板间的距离
d_{l}	镜片的口径
h	普朗克常数
i	像素编号
k	玻尔兹曼常数
l_{fl}	焦点距离
l_{p}	像素间距
l_{px}	像素阵列的水平方向的大小
l_{py}	像素阵列的垂直方向的大小
m	热电堆的对数
n	$1/f$ 噪声参数
p	气体的压力
p_{FE}	铁电体的电场增强有效热释电系数
p_{pyro}	铁电体的热释电系数
q	电子的电荷量
r_{a}	艾里斑直径
t	时间
$\Delta I_{\mathrm{e}}(\lambda_1\text{-}\lambda_2, T)$	波长范围 λ_1 ~ λ_2、温度 T 中相对于 1K 变化的辐射亮度变化
$\Delta M_{\mathrm{e}}(\lambda_1\text{-}\lambda_2, T)$	波长范围 λ_1 ~ λ_2、温度 T 中相对于 1K 变化的辐射出射度变化
ΔP	红外线辐射量的变化
ΔP_0	交流变化的红外功率的振幅

续附表 1

符　号	说　明
ΔP_d	投射到探测器的红外功率的变化
ΔR_B	电阻测辐射热计的电阻变化
ΔT	摄像对象的温度变化
ΔT_d	探测器的温度变化
ΔV_S	输出电压的变化
ΔV_n	黑体温度低于背景时的输出电压变化
ΔV_p	黑体温度高于背景时的输出电压变化
Λ_0	气体温度 273.2K 下的自由分子热传导度
α	塞贝克系数
α_{TCR}	电阻测辐射热计的电阻温度系数
α_A	导体 A 的塞贝克系数
α_B	导体 B 的塞贝克系数
β	表示半导体电阻测辐射热计的特性的常数
γ	表示金属电阻测辐射热计的特性的常数
δ	铁电体的损耗角
ε	介电常数
$\eta(\lambda)$	波长 λ 的吸收率
θ_{HFOV}	水平视场角
θ_{IFOV}	瞬时视场角
θ_{VFOV}	垂直视场角
κ	表示二极管特性的常数
λ	波长
λ_1	波长下限
λ_2	波长上限
ρ_{EA}	导体 A 的电阻率
ρ_{EB}	导体 B 的电阻率
σ_{SB}	斯特藩－玻尔兹曼常数
σ_{TA}	导体 A 的热导率
σ_{TB}	导体 B 的热导率
τ_E	热释电红外传感器的电气时间常数
τ_T	热时间常数
ω	角频率
ω_c	截止角频率

附表 2　本书引用的图及对应的参考文献

本书内图号	版权人	本书参考文献编号
图 2.5	SPIE（The international society for optics and photonics）	29
图 2.6	SPIE（The international society for optics and photonics）	29

续附表 2

本书内图号	版权人	本书参考文献编号
图 3.7	Elsevier（Academic Press）	4
图 3.16	Elsevier（Pergamon Press）	56
图 3.17	SPIE（The international society for optics and photonics）	146
图 3.20	Elsevier	61
图 3.28	SPIE（The international society for optics and photonics）	66
图 4.1	Springer nature（Kluwer Academic Publishers）	1
图 4.2	SPIE（The international society for optics and photonics）	14
图 4.3	SPIE（The international society for optics and photonics）	14
图 4.4	SPIE（The international society for optics and photonics）	69
图 4.5	SPIE（The international society for optics and photonics）	14
图 4.6	SPIE（The international society for optics and photonics）	70
图 4.7	SPIE（The international society for optics and photonics）	75
图 4.8	SPIE（The international society for optics and photonics）	76
图 4.9	一般社团法人　电气学会	77
图 4.10	IEEE	79
图 5.1	Elsevier（Academic Press）	4
图 5.2	Elsevier（Academic Press）	4
图 5.3	Elsevier（Academic Press）	4
图 5.4	Elsevier（Academic Press）	4
图 5.5	Elsevier（Academic Press）	4
图 5.6	Elsevier（Academic Press）	4
图 5.7	SPIE（The international society for optics and photonics）	94
图 5.8	SPIE（The international society for optics and photonics）	92
图 5.9	SPIE（The international society for optics and photonics）	92
图 5.10	SPIE（The international society for optics and photonics）	91
图 5.12	SPIE（The international society for optics and photonics）	17
图 5.13	SPIE（The international society for optics and photonics）	30
图 5.14	SPIE（The international society for optics and photonics）	121
图 5.16	SPIE（The international society for optics and photonics）	27
图 5.18	SPIE（The international society for optics and photonics）	19
图 6.3	SPIE（The international society for optics and photonics）	138
图 6.4	SPIE（The international society for optics and photonics）	138
图 6.5	Elsevier	141
图 6.6	IEEE	143
图 6.8	SPIE（The international society for optics and photonics）	145
图 6.9	SPIE（The international society for optics and photonics）	150
图 7.1	SPIE（The international society for optics and photonics）	157
图 7.2	一般社团法人　电气学会	156
图 7.3	SPIE（The international society for optics and photonics）	157

续附表 2

本书内图号	版权人	本书参考文献编号
图 7.4	SPIE（The international society for optics and photonics）	157
图 7.5	SPIE（The international society for optics and photonics）	157
图 7.6	SPIE（The international society for optics and photonics）	157
图 7.7	SPIE（The international society for optics and photonics）	157
图 7.8	SPIE（The international society for optics and photonics）	157
图 8.1	SPIE（The international society for optics and photonics）	167
图 8.2	SPIE（The international society for optics and photonics）	165
图 8.3	SPIE（The international society for optics and photonics）	171
图 8.4	SPIE（The international society for optics and photonics）	173
图 9.4	Elsevier（Academic Press）	4
图 9.5	SPIE（The international society for optics and photonics）	175
图 9.9	SPIE（The international society for optics and photonics）	26
图 9.10	SPIE（The international society for optics and photonics）	26
图 9.13	SPIE（The international society for optics and photonics）	176
图 9.16	SPIE（The international society for optics and photonics）	181
图 9.17	SPIE（The international society for optics and photonics）	181
图 9.18	一般社团法人　电气学会	178
图 10.2	SPIE（The international society for optics and photonics）	183
图 10.5	John Wiley & Sons	188
图 10.6	John Wiley & Sons	189
图 10.8	John Wiley & Sons	188
图 10.11	John Wiley & Sons	188
图 10.12	John Wiley & Sons	189
图 10.19	SPIE（The international society for optics and photonics）	198

注：本书引用的所有图均获得版权人许可。

附表 3　英文缩写及其说明

缩　写	说　明
A/D	analog to digital，模拟数字转换
BST	barium strontium titanate，一种用于非冷却红外图像传感器的铁电材料——钛酸钡锶
CCD	charge coupled device，电荷耦合器件，具有 MOS 电容器排列结构，在具有传递信号电荷功能的半导体器件中用作图像传感器
CMOS	complementary metal-oxide semiconductor，互补金属氧化物半导体
CVD	chemical vapor deposition，化学气相沉积
CZ	czochraski，结晶沉积的一种方式
DMD	digital micromirror device，将多个可以单独电气驱动的可动微镜集结而成的器件
EDP	ethylenediamine pyrocatechol，含有乙二胺、领苯二酚和水的硅的异方性刻蚀液
EPA	environmental protection agency，环境保护署
EVS	enhanced vision system，增强视景系统

续附表 3

缩 写	说 明
FAA	federal aviation adminstration，联邦航空管理局
FOV	field of view，视场角
FPN	fixed pattern noise，固定模式噪声，起因于 FPA 的像素间的响应度、暗电流、读出电路的不均匀性等的无时间性变化的噪声
FZ	floating zone，浮区，结晶沉积的一种方式
HD	high definition，高清晰度，1920 × 1080 像素
IFOV	instantaneous field of view，瞬时视场角
IRFPA	infrared focal plane array，红外图像传感器
IVP	integrated vacuum package，采用在 IRFPA 上直接接合盖帽的结构进行真空封堵的封装技术
LSI	large scale integration，由多个晶体管和电子部件集结而成的硅电子器件
LWIR	long-wavelength infrared，长波红外，8 ~ 14μm 波段的红外线
MEMS	microelectromechanical system，微机电系统
MOD	metal-organic decomposition，金属有机分解
MOS	metal oxide semiconductor，电荷耦合器件
MTF	modulation transfer function，调制传递函数，表示图像传感器标准化响应的空间频率依赖性的光学传递函数
MWIR	middle-wavelength infrared，中波红外，3 ~ 5μm 波段的红外线
NEP	noise equivalent power，噪声等效功率，探测器的性能指标之一，由响应度与总噪声的比率定义，产生与噪声相同大小的输出变化的入射功率
NETD	noise equivalent temperature difference，噪声等效温差，是红外探测器或红外图像传感器的性能指标之一，产生与噪声相同大小的输出变化的探测对象的温度差
NUC	nonuniformity correction，图像传感器的非均匀性校正
NVS	night vision system，夜视系统
PECVD	plasma-enhanced chemical vapor deposition，等离子体增强化学气相沉积
PLD	pulsed laser deposition，脉冲激光沉积
PSG	phosphosilicate glass，磷硅酸玻璃
PST	lead scandium tantalite，用于非制冷红外图像传感器的铁电材料中的一种
PVDF	polyvinglidene fluoride，用于非制冷红外图像传感器的铁电材料中的一种
PZT	lead zirconate titanate，用于制冷红外图像传感器的铁电材料中的一种
QDIP	quantum dot infrared photodetector，量子点红外光电探测器，具有量子点结构，通过带内跃迁探测光的光探测器
QSIP	quantum structure infrared photodetector，量子结构红外探测器，以原子层单位将不同种类的半导体层积而成的量子结构型红外探测器
QVGA	quarter video graphics array，320 × 240 像素
QWIP	quantum well infrared photodetector，量子阱红外光电探测器，具有多个薄量子阱结构，通过带内跃迁探测光的光探测器
ROIC	readout integrated circuit，FPA 用信号读出电路
S/N	signal-to-noise，信噪比
SOI	silicon on insulator，在厚的硅上通过二氧化硅层形成薄单晶体硅层的基板
SWIR	short-wavelength infrared，短波红外，1 ~ 3μm 波段的红外线
TCR	temperature coefficient of resistance，电阻温度系数

续附表 3

缩 写	说 明
TEC	thermoelectric cooler，半导体制冷片
TFFE	thin film ferroelectric，薄膜铁电型探测器，采用了薄膜铁电材料的单片式非制冷 IRFPA
TMAH	tetramethyl ammonium hydroxide，具有 $(CH_3)_4NOH$ 化学组成的硅的异方性刻蚀液
Type Ⅱ SLS	type Ⅱ strained layer superlattice，采用了具有 Type Ⅱ型的频带关系的半导体形变超晶格的光探测器
VGA	video graphics array，640 × 480 像素
XGA	extended graphics array，1024 × 768 像素
rms	root mean square，均方根

跋

红外成像技术，从采用单像素或线性阵列的机械式扫描获得二维图像的机械扫描式红外摄像装置，发展到了电子扫描式的凝视型红外线摄像装置。电子扫描式红外线摄像装置中采用了二维IRFPA，因为对红外探测器的灵敏度和响应速度的要求变得宽松了，非制冷IRFPA日益受到关注。

20世纪80年代取得惊人进步的MEMS技术，进入20世纪90年代后加速了使用热型探测器的非制冷IRFPA的响应度改善。与20世纪80年代主流的混合方式的元件相比，使用MEMS技术的电阻测辐射热计方式的非制冷IRFPA，能够降低100倍的热导。非制冷IRFPA在20世纪90年代初期得到了100mK以下的*NETD*，对红外相机的普及的期待高涨了起来。

电阻测辐射热计非制冷IRFPA的成功促进了采用MEMS技术的各种方式的非制冷IRFPA的提案和开发。电阻测辐射热计非制冷IRFPA发布后开发的具有代表性的MEMS非制冷IRFPA有薄膜介质非制冷IRFPA、热电非制冷IRFPA、二极管非制冷IRFPA、双材料非制冷IRFPA、热光非制冷IRFPA。

以MEMS技术制成的非制冷IRFPA的第1代，像素间距为50μm，像素数为320×240像素。之后，像素间距缩小进程为25μm、17μm、12μm，接近了光学系统衍射现象决定的界限。随着像素缩小的发展，实现了$NETD<50$mK（@F/1）的高性能，像素数也超过了200万。支撑这种进步的是MEMS技术的高度化，非制冷IRFPA的MEMS技术的重要性变得更高了。采用了MEMS技术的非制冷IRFPA登场后已度过25年，但对于电阻测辐射热计非制冷IRFPA和二极管非制冷IRFPA，为了与高性能化同步实现低成本化，研究开发仍在持续进行。此外，低端市场中热电非制冷IRFPA的利用在增加，今后的业务扩大值得期待。